PRIMI PASSI SULLA TERRA PIATTA

di

LUCA BERTORELLI

Youcanprint

Titolo | Primi passi sulla Terra piatta
Autore | Luca Bertorelli
ISBN | 978-88-31649-74-2

Youcanprint
Via Marco Biagi 6, 73100 Lecce
www.youcanprint.it
info@youcanprint.it

CAPITOLO 1

Pac-man vs Asteroids

Parlare in senso positivo o negativo di un argomento ne veicola comunque l'informazione di base. In un servizio televisivo si attribuiva ai terrapiattisti "l'effetto Pac-man", ossia la spiegazione di come si comporterebbe un aereo oltrepassando il confine di una ipotetica Terra piatta: uscendo da un punto del bordo ne rientrerebbe dalla parte opposta. Per prima cosa andai a verificare se nel mondo esistevano i sostenitori della Terra piana. L'inventore inglese Samuel Birley Rowbotham nel 1849, con lo pseudonimo di "Parallax", pubblicò un opuscolo di sedici pagine intitolato Zetetic Astronomy: Earth Not a Globe (Astronomia Zetetica: la Terra non è un globo). Nel 1956 Samuel Shenton, membro della Royal Astronomical Society, fondò la Flat Earth Society. Quindi i terrapiattisti non solo esistevano, ma avevano anche una loro associazione. Passai a esaminare "l'effetto Pac-man" senza trovare un solo sostenitore della Terra piatta che affermasse una cosa così ridicola. Con mio stupore, scoprii che invece lo asseriva uno scienziato della scienza ufficiale nella serie di documentari presentata da Morgan

Freeman. Nella puntata intitolata "Esistono i confini dell'Universo?" (n. 2, stagione 2), l'astronomo Jean-Pierre Luminet ipotizzava un Universo finito e delimitato da un confine. Lo descriveva come un dodecaedro asimmetrico, con le facce stondate, più simile a un pallone da calcio. Egli sosteneva che se usciti dall'Universo da una di queste facce, se ne rientrava dalla parte opposta, ma ruotata di trentasei gradi. Jean-Pierre Luminet aveva tratto ispirazione da Asteroids, famoso videogioco in voga negli anni Ottanta, realizzato da Atari nel 1979.

Continuai la mia ricerca e mi imbattei in un articolo che esponeva il credo della Terra piatta. Sebbene fosse pubblicato da Repubblica, testata giornalistica di tutto rispetto, leggendolo mi aspettavo di restare con la convinzione di trovarmi di fronte a una bufala colossale. L'autore elencava concetti a me del tutto estranei che mi permisero di scoprire una nuova corrente di pensiero volta a ridefinire la forma del nostro pianeta. Terminato l'articolo riflettei di come la consapevolezza di non vivere su un globo influirebbe nella mia vita. Probabilmente non cambierebbe le mie giornate divise tra casa, lavoro e il tragitto che li unisce, avrei comunque fatto la spesa e usufruito al meglio del mio tempo libero. Cominciai però a sentire una sensazione di disagio: stiamo vivendo l'alba del terzo millennio e ancora si dibatte sulla vera forma del nostro pianeta? Che la Terra fosse sempre stata considerata piatta dai nostri avi non è certo un mistero, ma riproporla nel mondo d'oggi sembrava proprio una strana idea. Delle due l'una: o la forma della Terra è sferica oppure è piatta, facile no? Ma subentra un problema perché mentre nel primo caso sarebbe tutto già scritto e consolidato, nel secondo si andrebbero a minare le fondamenta della nostra scienza e parte della nostra storia. Inoltre, sempre se fosse vero, qualcuno non solo mentirebbe a voi e me da decenni, ma lo farebbe in modo così sfacciato da abbracciare con la propria menzogna tutta l'umanità. Dalla mia scrivania il motivo di tale subdolo inganno appariva misterioso e impenetrabile. Decisi comunque di dedicare un po' più di tempo alle teorie dei terrapiattisti e passai molte ore, nei giorni che seguirono, a districarmi tra migliaia di articoli e video, sia pro che contro la Terra piana. Molto del materiale era più propenso a mettere in ridicolo i terrapiattisti che a fornire delle concrete spiegazioni scientifiche. L'unica certezza che metteva tutti d'accordo è la presenza di un'Atmosfera o Cupola che ci divide dallo spazio esterno. In alcuni testi antichi il "sotto è come il sopra" e oltre la Cupola si trova altra acqua. Ma se la Terra è piatta cosa si trova al di sotto? Anche a questa legittima domanda non trovai risposta se non in altri testi antichi dove "l'albero della vita", con profonde radici, arriva nel mondo di sotto.

SAYS EARTH IS ROUND

AND HE MAY BE THROWN INTO PRISON.

Sad Condition of Affairs In England—Sir John Gorst Accused of Intention to Teach False Precepts—City of Portsmouth Excited.

It is painful to read that Sir John Gorst, the head of the British educational department, is in serious trouble and has been threatened by Mr. Ebenezer Breach and other taxpayers of the city of Portsmouth, in the kingdom of England, with prosecution under the "imposters' act." It seems that the schools of Portsmouth have been teaching the damnable and heretical doctrine that the earth is a sphere. Sir John's attention has been called to this dissemination of seditious and treasonable doctrine, but he has refused to correct the abuse. Ebenezer and his friends know, of course, that the earth is as flat as a pancake. They have been patient with Sir John, and day after day have allowed the false teaching regarding the shape of the earth to go on, but can stand it no longer, they say, to see their children corrupted with this most "heretical doctrine," as the complainants call it in this protest. Sir John Gorst has many

Mi ero quasi convinto a lasciar perdere quando lessi un articolo dell'aprile 1900 dove un professore di Portsmouth, Inghilterra, rischiava di finire in prigione con l'accusa di insegnare falsi precetti nel sistema scolastico. In breve, tale Sir John Gorst, a capo del dipartimento educativo britannico, era stato denunciato per "atto di impostura" in quanto "pare che nella scuola di Portsmouth abbiano insegnato la dannata ed eretica dottrina che la Terra è una sfera" (The Cook County Herald, Grand Marais, Minnesota, Saturday April 21, 1900). Fu per me una svolta, la conferma che qualcosa non quadrava per niente.

Pensate a questa citazione: "tutto quello che viene insegnato nel sistema scolastico durante una generazione diventa verità, che lo sia o non lo sia". Vale a dire che se era insegnata nelle scuole la Terra piana, in un tempo relativamente vicino al nostro, lo Stato in questione preparava quella generazione ad affrontare un evento futuro di enorme portata. Un primo conflitto mondiale sarebbe iniziato solo pochi anni dopo, proprio a scapito di quella generazione, avvalorando la scelta preventiva adottata dallo Stato in questione. Pensate se durante il conflitto la mappa equidistante azimutale si fosse rivelata sbagliata o incompleta. Gli aerei non avrebbero potuto bombardare con precisione i luoghi ritenuti strategici, o paracadutare soldati in zone prestabilite, entro o fuori le linee nemiche e far navigare le forze della marina in acque sicure. Secondo la U.S.G.S. (United States Geological Survey) le mappe equidistanti azimutali sono dettagliate e precise.

Samuel Birley Rowbotham

CAPITOLO 2
Mappa di Gleason

Con l'aiuto di internet trovai una mappa azimutale e la scaricai nel PC, la stampai e, una volta plastificata, la esaminai con cura. In mezzo alla mappa si trova il Polo Nord con tutti i continenti disposti intorno, mentre la circonferenza è formata dal Polo Sud che ne pone il limite tutto intorno. I due tropici (Cancro e Capricorno), con l'Equatore tra di essi, risaltano sulle terre e i mari sovrastandoli in tre cerchi concentrici. Tutti i piani bellici, sia della Prima che della Seconda guerra mondiale, sono stati approntati facendo riferimento proprio a una mappa equidistante azimutale. La mappa più accreditata è quella di Alexander Gleason, un cartografo che la pubblicò nel 1892. La mappa è depositata e conservata nella Boston Public Library ed è stata creata dalla Buffalo Electrotype and Engraving Co.

Subito dopo la fine della Seconda guerra mondiale è stata creata l'O.N.U. il 24 ottobre 1945. Nel simbolo adottato dalle Nazioni Unite spicca al centro una mappa della Terra piatta, forse proprio la mappa di Gleason, visto che combacia con essa. Talvolta il modo migliore per nascondere qualche cosa è di metterlo in bella vista.

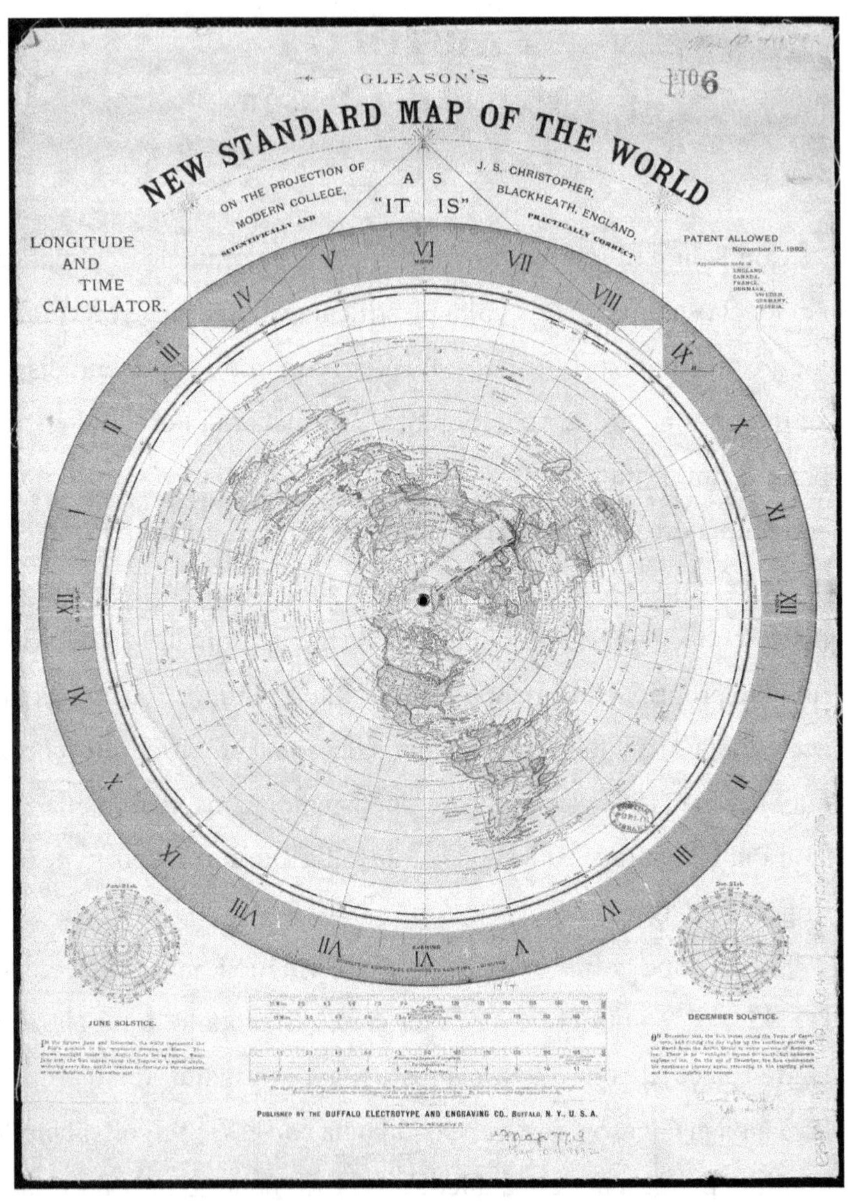
GLEASON'S
NEW STANDARD MAP OF THE WORLD
ON THE PROJECTION OF
MODERN COLLEGE,
SCIENTIFICALLY AND
AS
"IT IS"
J. S. CHRISTOPHER,
BLACKHEATH, ENGLAND,
PRACTICALLY CORRECT.
PATENT ALLOWED
November 15, 1892.
LONGITUDE
AND
TIME
CALCULATOR.
JUNE SOLSTICE.
DECEMBER SOLSTICE.
PUBLISHED BY THE BUFFALO ELECTROTYPE AND ENGRAVING CO., BUFFALO, N. Y., U. S. A.

Il fatto che anche in tempi recenti la Terra non fosse considerata una sfera mi condusse a nuovi inediti scenari. Forse non tutti gli insegnamenti inculcatici da piccoli possono essere considerati verità assolute. Tutti noi abbiamo il dovere di non fidarci di nessuno senza aver prima verificato e cercare di pensare autonomamente senza inseguire il pensiero più comune delle masse, in particolare quelle pilotate da chi le governa. Quando mi riferisco alle masse comprendo anche voi e me. Sylvain Timsit descrive molto bene quanto sia semplice esercitare il controllo sulle masse. Per esempio, un sistema consisterebbe nel deviare l'attenzione dai problemi seri verso argomenti più leggeri. Io rientro in questa casistica in quanto sono un appassionato di sport e certamente, dovessi scegliere tra un programma di politica e uno sportivo, opterei per il secondo. Il fatto che comunichiamo di meno tra di noi è un altro elemento a nostro sfavore. È sufficiente guardarci attorno in una zona affollata, per comprendere che ognuno è in realtà assente, isolato dagli altri, concentrato sul proprio smartphone, iPhone, iPad o tablet. Se anche voi siete un po' come me non disperate: l'esserne consapevoli sminuisce in parte l'effetto del controllo mentale su di noi. Vi starete chiedendo il perché di questa apparente divagazione, ma è pertinente: in quanto non sono riuscito a trovare un solo dibattito tra terrapiattisti ed eliocentristi. Ho scoperto che solo i sostenitori della Terra piatta hanno chiesto più volte un confronto aperto con gli scienziati della scienza ufficiale, ma sono stati sempre ignorati. Ignorati in tutto il pianeta, intendo. Questo per due motivi: primo, invitarli in una trasmissione per un dibattito equivarrebbe a dare loro visibilità, secondo, è più semplice ignorare un problema che risolverlo.

Mi è di grande conforto sapere di numerosi studiosi e scienziati, grandi menti del passato, che nei secoli addietro si sono posti gli stessi quesiti di oggi e hanno provato a darne soluzione. Se anche voi provate lo stimolo di approfondire qualche tema in particolare, e non volete incappare in video pilotati da Google, troverete nei crediti tutti i libri e i siti da me visionati. Potrete avere un facile riscontro sia dei personaggi che dei fatti descritti in questo libro. Se non ne avete il tempo, presi dalla frenesia che caratterizza questa nostra epoca, non disperate: ho svolto io il lavoro per voi!

CAPITOLO 3
L'equilibrio del numero 7

Ogni religione conserva il sapere di antichi testi sacri, risulterebbe a me impossibile descrivere il contenuto del sapere millenario contenuto in essi e condensarlo in un capitolo. Non essendo questo libro né un testo di storia né di teologia, comprenderete la scelta obbligata di citare solo una parte di alcuni testi antichi. Il libro più diffuso e più tradotto nel mondo è la Bibbia, tramandata prima verbalmente poi per iscritto che, tradotta più volte nel tempo in diverse lingue, alcune di esse estinte, rimane quasi invariata sia nella sintassi che nei concetti espressi. La prima Bibbia fu stampata nella città tedesca di Magonza da Giovanni Gutenberg nel 1455, il primo a impiegare i caratteri mobili metallici. Gli stampatori ebrei di Soncino (Italia) stamparono nel 1488 la prima Bibbia ebraica completa. La spiegazione che la Bibbia offre dell'origine della vita è stata tramandata dall'alba dei tempi fino ai nostri giorni perdurando nei millenni.

Per chi non avesse mai letto questo passo potrà curiosare nella Genesi, a noi serve solo elencare i giorni della creazione:

Primo giorno – Notte e Giorno

Secondo giorno – Cielo e Mare

Terzo giorno – Alberi e piante

Quarto giorno – Sole e Luna

Quinto giorno – Pesci e uccelli

Sesto giorno – Uomo e Animali

Settimo giorno – Riposo

Sette giorni, come nell'antichità venivano considerate le sette stelle erranti che noi conosciamo come:

Sole - domenica in inglese Sun - sunday

Luna - lunedì in inglese Moon - monday

Marte - martedì

Mercurio - mercoledì

Giove - giovedì

Venere - venerdì

Saturno - sabato - in inglese saturday

Nel mondo antico questi erano considerati sette pianeti mentre la Terra, unico luogo adatto alla vita, non era ritenuto uno di essi.

Per la nostra scienza tutto ha avuto inizio con il "Big Bang", ossia una colossale deflagrazione originata dal nulla, tuttora in espansione.

A oggi è considerata solo una teoria. Per quanto concerne l'origine della vita nell'Universo alcuni scienziati ipotizzano il fenomeno della panspermia, secondo cui la vita, ovunque si sia formata, avendo un comune denominatore che fa da vettore, avrebbe origine su più pianeti in galassie differenti. Di fatto è una teoria che toglie alla nostra Terra il suo ruolo unico nell'Universo.

In base all'equazione di Drake si è stabilito che è matematicamente possibile trovare altri pianeti nell'Universo simili alla Terra.

Sempre nella Genesi viene menzionato Enoch, padre di Matusalemme, patriarca rapito da Dio (Genesi capitolo 5, versi da 21 a 24).

Frammenti del suo libro sono stati ritrovati nel 1947 nei rotoli del Mar Morto. Enoch, nel libro primo (33 dal 2 al 4), parla di come abbia visto le estremità della Terra su cui poggia il cielo e, al di là di esse, un luogo orribile e oscuro senza né cielo, né acqua, né uccelli, dove le sette stelle erranti scontano la punizione di Dio in quanto Gli hanno disubbidito non arrivando nei tempi da Lui previsti. Nel libro di Enoch si identificano le sette stelle negli angeli delle Sette Chiese. Nell'astronomia degli antichi Greci ritroviamo i sette pianeti erranti in questo ordine: Luna, Mercurio, Venere, Sole, Marte, Giove, Saturno. Nello stesso ordine gli antichi egizi li catalogavano come sette pianeti raffigurati sopra sette cerchi concentrici con al centro la Terra.

Nel Libro della Creazione di Sefer Yetzirah, considerato il testo cabalistico più antico del mondo, sono descritti i sette pianeti in ordine inverso: Saturno, Giove, Marte, Sole, Venere, Mercurio, Luna.

Il numero sette compare innumerevoli volte in moltissimi testi, dalla Bibbia al libro 777 di Aleister Crowley: sette giorni nell'anno, sette giorni della settimana, sette porte dell'anima, maschio e femmina (2 occhi, 2 orecchie, 2 narici, 1 bocca), sette cakras (chacra o chakras), sette peccati capitali (ira, avarizia, invidia, superbia, gola, accidia, lussuria), sette universi, sette è il numero buddhista della completezza, sette terre, sette mari, sette fiumi, sette deserti, sette settimane, sette anni, sette sabbatici, sette note musicali, sette giubilei, sette amati sotto il Paradiso, sette sigilli, sette metalli alchemici, sette firmamenti, sette sono i doni dello Spirito Santo nel Cristianesimo: sapienza, intelletto, consiglio, fortezza, scienza, pietà e timor di Dio... Ne esistono molti altri, ma concludo con le Sette Meraviglie del Mondo che, secondo Manly P. Hall, non si trovano lì per caso. Egli sostiene infatti che sono strutture simboliche e per questo poste in punti particolari, costruite dalle vedove dei sette figli in connessione con i sette pianeti in onore dei sette geni planetari. Solo un iniziato

Massone può comprenderne il simbolismo segreto identico ai sette sigilli della rivelazione e alle Sette Chiese dell'Asia. Per chi volesse approfondire può consultare il libro: The Secret Teachings Of All Ages, insegnamenti segreti per ogni età, di Manly P. Hall, massone di trentatreesimo grado. Abbiamo visto insieme quanta importanza ha per l'umanità il numero sette, considerato il numero della filosofia e dell'analisi, ma anche della solitudine e della completezza.

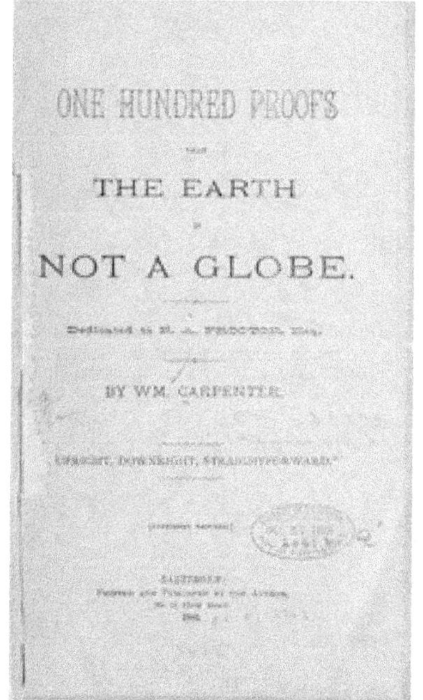

Uno dei primi sostenitori moderni della Terra piatta fu
William Carpenter (1830-1896)

CAPITOLO 4
Da Terra piana a sfera

Religione e scienza sono sempre stati in contrasto tra loro cercando di dare senso a concetti fondamentali come la vita, la sua origine, la morte e anche oltre la morte. Si può accettare un concetto religioso per fede, di sicuro non uno scientifico che richiede basi solide e provate.

Eratostene (circa 276 a.C. - 194 a.C.) fu il primo a calcolare la circonferenza della Terra considerandola una sfera. Gli esperti concordano sul procedimento adottato, ma dubitano dell'effettiva precisione nella messa in opera. Eratostene si era posto come obbiettivo di misurare la differenza dell'inclinazione dell'ombra tra due punti distanti tra loro ben 5000 stadi (circa 785 km), un'autentica impresa per l'epoca. La sua scelta era ricaduta su due città: Alessandria d'Egitto e Syene (l'attuale Assuan). L'unità di misura espressa in stadi, dove uno stadio risulterebbe corrispondere a 177,6 metri, appare agli occhi degli esperti poco precisa per misurare lunghe distanze. Un altro dubbio è dato dall'assenza di oro-

Eratostene

logi affidabili per effettuare le rilevazioni in modo sincrono. All'epoca si usavano le meridiane e il grado di precisione necessario a garantire la riuscita dell'esperimento si abbassa ulteriormente.

Qualcuno sostiene poi che occorreva essere in due per effettuare entrambe le rilevazioni contemporaneamente, ma potrebbe non essere andata così. Eratostene era a conoscenza di un pozzo a Syene dove il Sole a una certa ora del giorno, in un certo giorno dell'anno, si trovava esattamente perpendicolare su di esso, a zero gradi di inclinazione. Con questo dato certo in mano, da solo, gli sarebbe bastato trovarsi ad Alessandria d'Egitto alla stessa ora del medesimo giorno per effettuare la seconda misurazione. Comunque sia andata realmente, Eratostene quantificò la variazione dell'ombra tra i due punti in 7 gradi e 12 primi. Successivamente calcolò la circonferenza della Terra applicando la geometria di Euclide. Tratterò l'argomento più avanti, ma vi devo anticipare che, per la sua notevole distanza dalla Terra, i raggi del Sole dovrebbero giungere paralleli. Sarà di certo capitato anche a voi di vedere filtrare dei raggi di Sole da un cielo nuvoloso, ebbene, i raggi divergono quindi la fonte di luce appare molto più vicina di quanto dichiarato nei libri di scienza. Per i terrapiattisti è proprio così: il Sole è più vicino.

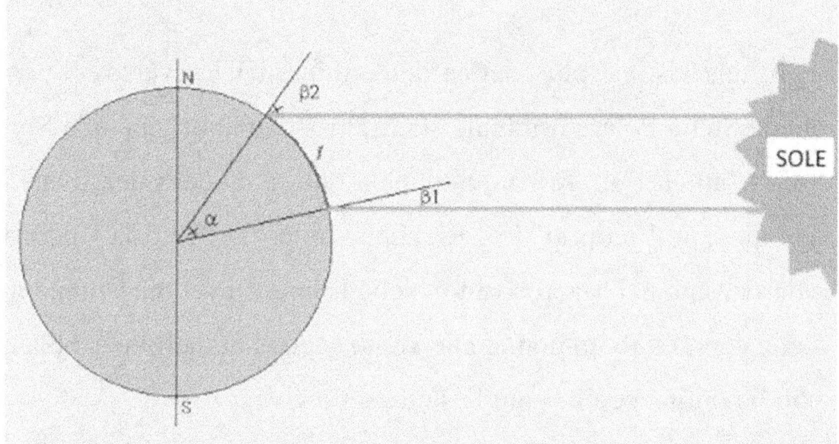

Secondo i nostri scienziati, invece, l'atmosfera terrestre rifrange la luce del Sole facendone divergere i raggi. Quest'ultima spiegazione però non convince in quanto l'atmosfera è di forma convessa e, per la legge della fisica, una lente fa sempre convergere i raggi di luce, non divergere. Qui si presenta questo problema: o l'atmosfera rifrange sempre i raggi del Sole facendoli divergere e i calcoli di Eratostene sono errati, oppure l'atmosfera non rifrange i suoi raggi e i calcoli di Eratostene sono corretti, ma in questo caso il Sole dovrebbe trovarsi molto più vicino di quanto dichiarato nei nostri libri di scienza.

CAPITOLO 5
La Terra nel Sistema solare

Parte 1

In una visione più poetica dell'origine dell'Universo, si pensa che la Stella Polare originale sia esplosa dando origine alla Stella Polare attuale, al firmamento e a tutti noi, considerati stelle, ognuno con il proprio "io". Richiama un po' la filosofia Buddista, Microcosmo nel Macrocosmo. Nella Bibbia Dio conta e numera le stelle dando loro un nome, Dio conta anche i granelli di sabbia ma non li nomina perché solo le stelle sono vive.

Dal Big Bang a oggi sono passati circa 13 miliardi e mezzo di anni. Alcuni scienziati sostengono, con l'ausilio di satelliti scientifici (Cobe, Wmap, Plank), di riuscire ancora a vedere la "radiazione cosmica di fondo", residuo delle fasi iniziali della nascita dell'Universo. Quando si esplora lo Spazio è come guardare nel passato e più lo strumento è performante più si va a ritroso nel tempo. Dal 1978 a oggi sono stati assegnati ben quattro premi Nobel in funzione di questa scoperta, i fotoni più antichi che potremo mai sperare di vedere, risalenti a circa 380mila anni dopo il Big Bang.

Seimila anni prima di Cristo i Sumeri descrivevano un Sistema solare formato dal Sole in mezzo, 10 pianeti e la Luna. Il decimo pianeta, chiamato Nibiru, era visibile ogni 3600 anni a causa della sua lunga orbita e lo posizionavano tra Marte e Giove. I Sumeri sostenevano che gli Annunaki, abitanti di Nibiru, avessero contribuito a far evolvere l'homo erectus nell'homo sapiens.

Nell'antichità, Sumeri a parte, si credeva che fosse la Terra il centro di tutto ed era pensiero comune spiegare il Sistema solare unendo di fatto il sistema cosmologico di Aristotele con quello astronomico di Tolomeo. Niccolò Copernico nel 1543, poco prima della sua morte, pubblicò il libro "le rivoluzioni dei corpi celesti" elaborando la teoria postulata da Aristarco di Samo (III secolo a.C.), consolidatasi poi nel tempo come le teoria eliocentrista più accreditata.

(Da capogiro!)

Cominciamo dicendo che la Terra ruota su se stessa a circa 1700 km orari, mentre la velocità del suono è di 1191 km orari, ossia mach 1. Se questo dato dà da pensare è nulla paragonato alla velocità con cui la Terra orbita intorno al Sole: 107000 km orari, quasi mach 90. Per finire il nostro Sistema solare orbita intorno alla nostra Galassia a 772500 km orari, mach 640. Prendiamo a esempio il luogo dove vi trovate voi in questo momento: se la rotazione della Terra corrisponde alla direzione della sua orbita potreste raggiungere 108700 km orari. Mentre andate in direzione opposta, nelle 12 ore successive, andreste a decelerare fino a 105300 km orari. Andrebbero considerati anche il momento angolare e quello lineare comprese le variazioni dovute all'orbita ellittica della Terra nel suo percorso annuale. Senza complicarci troppo la vita in difficili calcoli, teniamo presente che comunque la differenza tra le due velocità raggiunte è enorme: 3400 km orari, quasi tre volte la velocità del suono. Noi tutti che abitiamo la superficie della Terra dovremmo percepire e subire queste continue accelerazioni e decelerazioni a intervalli regolari di dodici ore. Ora supponiamo che voi vi troviate all'Equatore nel punto di maggiore slancio a +1700 km orari e che dalla parte opposta, nello stesso istante, ci sia io a -1700 km orari. Sappiamo che la gravità è uguale in tutto il pianeta, ma in questo caso voi sareste proiettati verso lo Spazio mentre io, trovandomi agli antipodi, faticherei a muovermi. Dobbiamo allora presumere che la gravità abbia una propria intelligenza e che sia in grado di modularsi in base alla nostra posizione sulla Terra.

Parte 2

C'è un elemento di frizione tra eliocentristi e terrapiattisti che pare non abbia soluzione: il giorno sidereo. Ognuna delle due parti in causa sostiene che è inutile dibatterne con la controparte. Trovo divertente questa diatriba e proverò a spiegare entrambi i punti di vista. Se avete carta e penna potete farlo con me disegnando un cerchio in mezzo a un foglio, il nostro Sole, poi un cerchio in basso, a ore 6, che rappresenta la Terra "A". Scuriamo la metà della Terra "A" che si trova in ombra. La Terra orbitando il Sole dopo circa 180 giorni si troverà dalla parte opposta, a ore 12. Disegniamo un cerchio in quel punto che rappresenta la Terra "B" e scuriamo nuovamente la parte in ombra. Ora abbiamo la Terra "A" con la zona d'ombra in basso e la Terra "B" con la zona d'ombra in alto e il Sole in mezzo. Supponiamo che dove ci troviamo noi in questo momento sia mezzogiorno, quindi mettiamo una crocetta sulla Terra "A" nella parte di circonferenza illuminata dal Sole, proprio in mezzo. Ora mettiamo la crocetta sulla Terra "B" nello stesso punto, ma potete notare che si trova nella parte in ombra, a mezzanotte. Per i terrapiattisti la Terra è stazionaria proprio per questa ragione. La scienza ufficiale fornisce una spiegazione del perché anche dopo 180 giorni per noi sia sempre mezzogiorno. In breve, ci dicono che la rotazione della Terra non è di 24 ore bensì di 23 ore e 56 minuti. I 4 minuti mancanti, che completano le 24 ore di un giorno, sono dati dal moto di rivoluzione delle Terra intorno al Sole.

Tenendo come riferimento l'esempio di prima, basato su un lasso di tempo di 180 giorni, se moltiplichiamo quei 4 minuti per 180 otteniamo 720 minuti. Se poi li dividiamo per 60 ricaviamo le 12 ore mancanti. Ecco che noi dopo 180 giorni ci troviamo sulla Terra "B" a mezzogiorno, come sulla Terra "A", ma capovolti, quindi crocetta in basso! Per i terrapiattisti questo è un "trucco" degli eliocentristi. Infatti sottraendo tempo dalla rotazione terrestre per aggiungerlo al moto, fanno quadrare con la matematica il loro pensiero di base, ossia che la Terra è in movimento. Anche le stelle contraddicono l'eliocentrismo in quanto, a sei mesi di distanza, noi dovremmo osservare un panorama stellato totalmente diverso, al cento per cento.

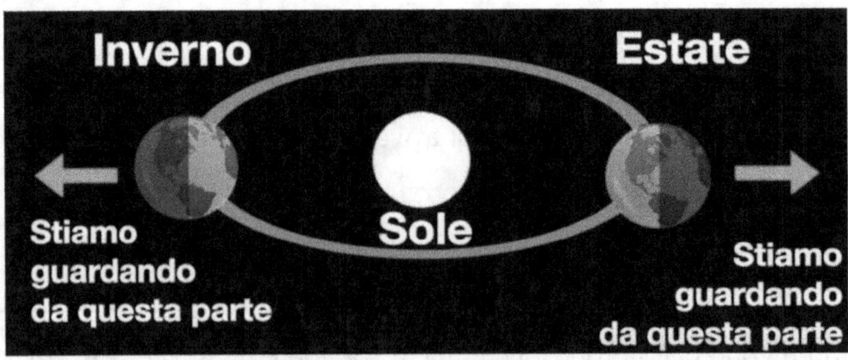

CAPITOLO 6
Curvatura e orizzonte

Comunque si origini e sviluppi la vita nell'Universo, al pari della luce, l'acqua è ritenuta un ingrediente fondamentale. Si ipotizza che sia giunta sulla Terra dallo Spazio tramite vettori e che sia vecchia di un miliardo e mezzo di anni. Il corpo umano è composto circa dal 60% di acqua, mentre più del 70% della superficie del nostro pianeta ne è ricoperta. Con le sue due molecole di idrogeno legate a una di ossigeno l'acqua risulta essere molto versatile. Soggette ad alte temperature le molecole si dividono e l'acqua evapora sprigionando potenza mentre alle basse temperature si solidifica in ghiaccio. Un'altra proprietà dell'acqua è di prendere sempre la forma dell'oggetto che la contiene rimanendo però livellata in superficie. Non importa quale sia la grandezza del contenitore: sia esso un bicchiere, una vasca, un lago, l'acqua ne prenderà la forma e si livellerà in superficie. Verrebbe da pensare che questa straordinaria proprietà dell'acqua valga anche per il mare. Invece no: la nostra scienza sostiene che il mare, trattenuto dalla forza di gravità, si curva tutto intorno alla Terra. Dal sito "Earth Curve Calculator" si può calcolare la curvatura dalla distanza che separa due punti. Esiste anche una pratica applicazione per Android, Arflat TCC. Il suo funzionamento è identico a Earth Curve, in più fornisce i dati inerenti alla rifrazione ottica.

Gita sulla torre

Domenica 18 novembre 2018, alle ore 18, fu inaugurata a Pesaro la Torre Panoramica annunciando: "nei giorni di buona visibilità consentirà di vedere Rimini, le coste della Croazia e il Monte Conero". La torre, eretta per il 150esimo anniversario dalla morte di Gioachino Rossini è stata smantellata il 16 settembre 2019. Ora prendiamo l'applicazione Arflat o Earth Curve Calculator per calcolare la curvatura della Terra. Per prima cosa impostiamo l'altezza della torre, 75 metri, poi la distanza minima che separa Pesaro dalle coste della Croazia, cioè 123 km. Le coste della Croazia dovrebbero trovarsi 665 metri al di sotto della linea d'orizzonte, 540 metri con la rifrazione, 815 metri applicando la rifrazione inversa. Migliaia di turisti hanno visitato la Torre Panoramica e osservato anche le coste della Croazia senza problemi. In tutto il pianeta sono state effettuate moltissime misurazioni, anche con obbiettivi a infrarossi, ma non è stata rilevata alcuna curvatura. A partire dalla chiglia le barche sembrano inghiottite dall'orizzonte, però con l'ausilio di potenti teleobiettivi ritornano sempre visibili. Il tutto avviene anche migliorando l'angolo di visuale salendo più alto. Questo fenomeno è riconducibile a un effetto ottico dato dalla prospettiva. e le conclusioni di Focus Junior, nella rubrica "Terra piatta: 5 prove elementari che smontano la bufala!", sono da considerarsi del tutto errate. Non si può vedere dietro la curva sotto l'orizzonte, questo significa che la barca è ancora lì e che il mare non curva affatto. Un'altra prova della mancata curvatura del mare ci viene fornita dai sottomarini. Risulterebbe per loro impossibile rimanere delle ore a quota periscopio con il timone a zero gradi, 9 metri circa sotto il livello del mare, in quanto dovrebbero compensare periodicamente la curvatura dell'acqua per non riemergere. Questa precauzione sembra non essere necessaria al fine della navigazione sottomarina ed è un concetto valido anche per i piloti degli aeroplani, i quali dovrebbero costantemente correggere la loro altitudine virando verso verso il basso per non volare via dritti nello "spazio esterno".

Andiamo in tribunale

Il signor Zen Garcia ha offerto 15000 dollari di premio e sfidato chiunque a fornire la prova della curvatura terrestre nonché a fornire la prova che la Terra ruota al di sopra delle 50 miglia orarie di velocità, circa 80 km orari. Il signor William Menke Thomson, calcoli alla mano, ha preteso quei soldi da Zen Garcia. Quest'ultimo, non convinto, non l'ha pagato obbligando il signor Thomson a intentare una causa nei suoi confronti. La notifica ha raggiunto entrambe le parti il 16 maggio 2019. Con la sentenza dell'11 giugno 2019 il tribunale della contea di Barrow, nello stato della Georgia, ha dato ragione a Zen Garcia. Quindi niente curvatura? Nessuna rotazione? Forse il signor Thomson, senz'altro ingolosito dai soldi del premio, non era la persona più qualificata per questo compito. Ma allora perché in aula di tribunale non è stato supportato da alcun professore o scienziato a beneficio della sua tesi?

In un articolo del Seattle Star, pubblicato il 17 agosto 1921, si descrivono le teorie della Terra piana di Charles Bishop, dilettante scientifico. L'anziano signore si recava al Parco Woodland e, dispiegata davanti a sé una mappa della Terra piana da lui creata, esponeva le sue teorie ai visitatori sfidando qualunque collega professore a dimostrargli il contrario. Aveva studiato e dedicato venticinque anni per elaborare queste teorie. In riferimento a Magellano, quando gli veniva domandato come può una nave circumnavigare i continenti su una Terra piana, lui rispondeva curvando un ramoscello e appoggiandolo sulla mappa:- Ecco come!-. Vi menziono questo articolo in quanto Bishop afferma un concetto che mi colpì

Charles Bishop, who proves, to his own satisfaction, at least, that earth is flat.—Photo by Price and Carter, Star staff photographers.

molto quando lo lessi. Egli affermava con sicurezza che su una Terra piana ci deve essere più terra che acqua, praticamente un bacino di grandezza superiore per contenere gli oceani. Questo concetto implicherebbe l'esistenza di enormi distese di terre inesplorate che si troverebbero oltre la circonferenza, quindi oltre l'Antartide.

 Quest'affermazione di Charles Bishop dà credito alle dichiarazioni, a seguito della spedizione in Antartide del 1929, dell'ammiraglio Byrd, noto esploratore dei due poli di cui parlerò più avanti. Un altro errore che ci attribuiva Bishop era di considerare la Terra in movimento: non credeva che la forza di gravità potesse trattenere l'acqua. Sosteneva che se la gravità fosse davvero così forte da trattenere gli oceani, per compensare la forza centrifuga dovuta dalla rotazione terrestre, noi tutti non riusciremmo a muoverci. Aveva quindi dedotto che è il Sole a muoversi a 1000 miglia orarie e che non è una palla di fuoco bensì di elettricità. Bishop sosteneva inoltre di poter dimostrare che il Sole si trova a sole 3000 miglia sopra alla Terra con un raggio di 2 miglia (circa 5000 km dalla Terra con 3,2 km di diametro). Lo scienziato Hiromichi Ilda, suo contemporaneo giapponese, giungeva a conclusioni simili. Egli si riteneva pronto a dimostrare, alla Mostra della Pace a Tokyo, che "la Terra è un'estensione piatta di terra e acqua e che ci sono ancora terre sconosciute oltre il Cerchio Antartico".

CAPITOLO 7
Rotazione I

A un anno dalla sua morte Galileo Galilei si pentì della scelta eliocentrista che aveva sostenuto anche di fronte al Papa. Furono anni bui per le teorie di Copernico dove molti uomini per difenderle persero la vita. Ne è un esempio il filosofo Giordano Bruno che per questo motivo fu messo al rogo nel febbraio del 1600. Nel diciannovesimo secolo l'eliocentrismo si fece comunque strada, ma rimaneva da provare il moto della Terra. Alla fine dell'Ottocento i fisici basavano le loro teorie sul presupposto che lo spazio fosse composto di etere, una sostanza attraverso cui la luce e le altre onde elettromagnetiche si potevano propagare.

Tutti i tentativi di misurare la velocità del movimento della Terra intorno al Sole attraverso l'etere diedero come risultato zero. Nel 1887 i due fisici Michelson e Morley approntarono un esperimento considerato da molti fisici il più importante esperimento della fisica. L'idea era che la Terra muovendosi nello spazio attraverso l'etere avrebbe creato un "vento etereo" sulla sua superficie. Proiettando una luce dentro questo vento etereo ci si aspettava che andasse più lenta di una luce proiettata attraverso di esso. Per esempio: se nuotate in un fiume, andate più veloci se seguite la corrente anziché nuotare verso un'altra direzione.

L'esperimento Michelson-Morley non dimostrò che la Terra si muoveva, ma solo che la luce non era influenzata dal vento etereo. Albert Michelson dichiarò:- Queste conclusioni contraddicono direttamente la spiegazione che presuppone che la Terra si muove -. La scienza si trovò davanti a un bivio: o scartare l'etere o ammettere che la Terra non orbita il Sole.

Einstein scartò del tutto il concetto di etere dalla fisica e nel 1905 scrisse in un articolo della "relatività ristretta", conosciuta anche come relatività speciale.

I postulati della relatività ristretta sono:

(principio di relatività)

1: tutte le leggi fisiche sono le stesse in tutti i sistemi di riferimento inerziali.

(costanza della velocità della luce)

2: la velocità della luce nel vuoto ha lo stesso valore in tutti i sistemi di riferimento inerziali, indipendentemente dalla velocità dell'osservatore o della sorgente.

Il secondo postulato soddisfa le "trasformazioni di Lorentz" che si chiamano così in suo onore, anche se le scoprì Joseph Larmor nel 1897. Sono trasformazioni di coordinate che permettono di descrivere come varia la misura del tempo e dello spazio tra due punti rettilinei.

Nel 1913 George Sagnac montò su di un tavolo girevole una sorgente di luce che, passata in uno splitter, si divideva in due raggi. Per mezzo di specchi, questi due raggi, rimbalzavano in direzioni opposte fino a tornare nello splitter e ricombinarsi. Una volta ricombinati procedevano per essere immortalati su una lastra fotografica. A tavolo fermo non fu rilevata alcuna interferenza, ma facendo ruotare il tavolo di 2 giri al secondo i raggi di luce generarono frange di interferenza sulla lastra fotografica. Questo significa che con il tavolo in movimento si creava un'asimmetria perché un raggio doveva percorrere un percorso più lungo rispetto all'altro. L'esperimento di Sagnac dimostrò che la luce può variare di velocità, in barba al secondo postulato della relatività di Einstein. Ma c'è di più: Einstein

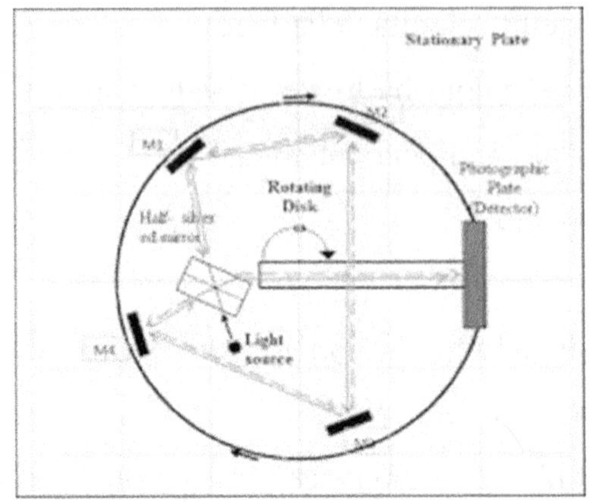

aveva ignorato l'etere perché scomodo alla sua teoria, Sagnac dimostrò che l'etere esiste, esiste e ha influenza sulla luce.

Questo esperimento sarà ignorato (chissà perché!) da Einstein che presenterà due anni dopo la teoria della relatività generale, e la presenterà in pompa magna sotto forma di lezioni presso l'Accademia Prussiana delle Scienze di Berlino. Le lezioni ebbero inizio il 25 novembre del 1915.

CAPITOLO 8
Rotazione II

Qualunque oggetto lasci il suolo terrestre è soggetto alla forza di Coriolis, che prende il nome dal fisico francese che nel 1835 la descrisse per la prima volta. Si ritiene che l'effetto di Coriolis sia alla base della formazione dei sistemi ciclonici o anticiclonici nell'atmosfera. Coriolis ebbe l'intuizione di studiare l'effetto che subisce un oggetto lasciando una superficie in movimento. Un po' come se noi saltassimo verticalmente su una giostra: finiremmo per ricadere su un punto diverso da quello di partenza. Noi siamo troppo piccoli rispetto alla Terra per vederne gli effetti, ma con un proiettile o un aereo dovrebbe risultare possibile. Durante un conflitto, i cannoni a lunga gittata potrebbero mancare il loro bersaglio, se distante alcuni chilometri. Un fatto strano è che nella balistica militare non siano considerate le correzioni di puntamento dovute alla forza di Coriolis. Per gli aerei, una volta decollati, vale lo stesso principio. Io mi chiedo come farebbero ad atterrare su un terreno che si sposta a circa 1700 km orari. Anche ponendo che l'aereo avesse la rotazione della Terra a favore, a quale velocità dovrebbe andare in fase di atterraggio? Recentemente sono venuti

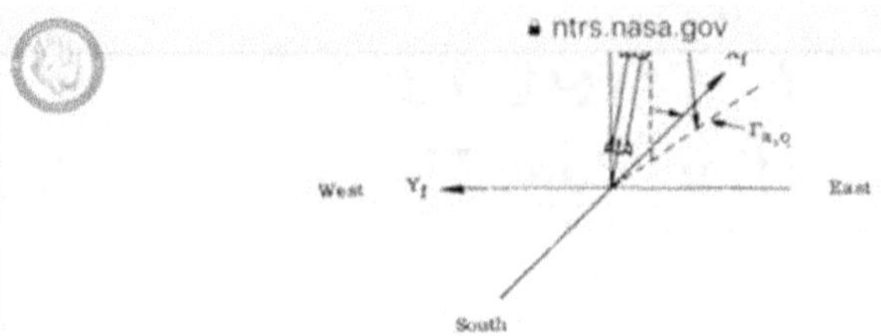

Documento N.A.S.A.

alla luce quindici documenti della N.A.S.A. datati 1988 dove vengono riportati i risultati dei calcoli per il volo di aerei e di elicotteri. In tutti i documenti è presente la frase; - Aereo che vola in un'atmosfera stazionaria che vola su una superficie stazionaria e non rotante -. Vi cito il manuale d'uso per modello di aereo lineare, ultima pagina: - Le equazioni di moto non lineari utilizzate sono equazioni di 6 gradi di libertà, atmosfera stazionaria e ipotesi di terra piana e non rotante -.

https://ntrs.nasa.gov/archive/nasa/casi.ntrs.nasa.gov/19890005752.pdf

NASA	Report Documentation Page	
1. Report No. NASA RP-1207	2. Government Accession No.	3. Recipient's Catalog No.
4. Title and Subtitle Derivation and Definition of a Linear Aircraft Model		5. Report Date August 1988
		6. Performing Organization Code
7. Author(s) Eugene L. Duke, Robert F. Antoniewicz, and Keith D. Krambeer		8. Performing Organization Report No. H-1391
		10. Work Unit No. RTOP 505-66-11
9. Performing Organization Name and Address NASA Ames Research Center Dryden Flight Research Facility P.O. Box 273, Edwards, CA 93523-5000		11. Contract or Grant No.
12. Sponsoring Agency Name and Address National Aeronautics and Space Administration Washington, DC 20546		13. Type of Report and Period Covered Reference Publication
		14. Sponsoring Agency Code
15. Supplementary Notes		
16. Abstract This report documents the derivation and definition of a linear aircraft model for a rigid aircraft of constant mass flying over a flat, nonrotating earth. The derivation makes no assumptions of reference trajectory or vehicle symmetry. The linear system equations are derived and evaluated along a general trajectory and include both aircraft dynamics and observation variables.		
17. Key Words (Suggested by Author(s)) Aircraft models Flight controls Flight dynamics Linear models		18. Distribution Statement Unclassified — Unlimited Subject category 08
19. Security Classif. (of this report) Unclassified	20. Security Classif. (of this page) Unclassified	21. No. of pages 22. Price 108 A06

NASA FORM 1626 OCT 86
*For sale by the National Technical Information Service, Springfield, VA 22161-2171.

NASA-Langley, 1988

Documento N.A.S.A.

Riprendiamo il discorso: l'aberrazione della luce studiata dall'astronomo inglese James Bradley ci fornisce un buono spunto per proseguire. Pensate a quando piove sopra di noi: l'acqua scende in gocce perpendicolari a noi e al terreno, ma se noi ci muoviamo ecco che le gocce sembrano cambiare angolazione e venirci incontro.

Se puntiamo un telescopio verso una stella, e tutti e due sono immobili, la luce arriva dritta nel telescopio. Se uno dei due è in movimento bisogna inclinare il telescopio dei gradi necessari a compensarne il moto. Ma come possiamo stabilire se è il telescopio sulla Terra a muoversi e non la stella? Nel 1871 sir Biddle Airy eseguì un esperimento già ideato da Bradley nel 1729, ma mai messo in opera. Airy annotò l'inclinazione necessaria a far cadere la luce di una stella al centro del telescopio, poi lo riempì di acqua e tornò a osservare la stella. L'acqua rallenta la luce, quindi se fosse il telescopio a muoversi andrebbe inclinato maggiormente per ottenere nuovamente l'allineamento con la stella. Airy rilevò la stessa angolazione sia con la presenza di acqua nel telescopio che senza. Egli si sarebbe aspettato una differenza di 30 secondi di arco, ma ne rilevò solo 0,8 secondi. È tutto riportato nel suo rapporto per la Royal Society of London datato 17 novembre 1871, un referto di quattro pagine che dimostra che la Terra è stazionaria. Questo esperimento, detto anche "il fallimento di Airy", non viene insegnato nelle scuole ed è stato destituito anche da Wikipedia che lo descrive in modo errato attribuendo ad Airy il solo merito di aver provato a dimostrare la variazione dell'aberrazione stellare.

Sir Biddle Airy

Spesso siamo propensi a credere che le persone vissute lontano dall'era moderna fossero meno qualificate di quanto lo siano oggi nei rispettivi ruoli. Sir George Biddle Airy era dotato di una mente matematica e non era avvezzo ai problemi tecnici, ciò nonostante per primo progettò lenti correttive per l'astigmatismo, difetto di cui egli stesso soffriva. Nel 1828 si candidò per la prestigiosa cattedra Plumiana di Astronomia con una richiesta di stipendio di 500 sterline, contro le 300 del suo predecessore, ottenendo entrambi. Fu responsabile della Commissione Pesi e Misure nel 1834, eletto alla Royal Society di Edimburgo nel 1835, alla Royal Society di Londra nel 1836, poi Presidente della Royal Astronomical Society nel

1845 e della British Association nel 1851, della Royal Society dal 1871 al 1873, periodo durante il quale fu il primo a scoprire l'aberrazione stellare. Ebbe altre cariche e moltissime onorificenze, tra le quali la medaglia d'oro della Royal Astronomical Society nel 1833 e nel 1846.

CAPITOLO 9
Gravità

Isaac Newton, è considerato uno dei più grandi scienziati di tutti i tempi e fu Presidente della Royal Society. Nel 1687 pubblicò "Philosophiae Naturalis Principia Mathematica" descrivendo la legge di gravitazione universale. Prima della fine del 1800 molti scienziati hanno rilevato l'errore della teoria gravitazionale di Newton applicata all'Universo, in particolare non è in grado di spiegare il movimento di Mercurio intorno al Sole. Fu Albert Einstein nel 1915 a formulare la teoria della relatività generale pensando di dare una soluzione alle lacune di Newton. Einstein, in pratica, sosteneva che la gravità è molto più di una forza: è una curvatura del continuum spazio temporale. Con il "tensore di Einstein" (una formula matematica) egli esprimeva la curvatura dello spaziotempo nell'equazione di campo per la gravitazione in teoria della relatività generale.

Tra densità e massa

Nessuno ha dimostrato che è la massa della Terra ad attrarre gli oggetti a sé, lasciando cadere un oggetto si parla di accelerazione. Le cose più dense cadono mentre quelle meno dense fluttuano.

Lo scienziato britannico Henry Cavendish è stato il primo a creare un esperimento in laboratorio volto a misurare la forza di gravità tra masse.

Henry Cavendish

L'esperimento di Cavendish, eseguito negli anni 1797-1798, consisteva in un'asta a bilancia formata da due palle di piombo collegate a una barra appesa a un filo. Avvicinando l'asta a bilancia ad altre masse, Cavendish ne rilevò l'oscillazione provocata da ogni coppia e modificò la formula di allora sostituendo "G" di gravità in "m" di massa. Però quanto sia il valore reale di "m" non si sa:

esso è un valore teorico per definire un qualcosa di impalpabile. Einstein ripropose il valore di "m" nella sua formula più famosa dove "E" è uguale a "m" moltiplicato il quadrato di "c". Valori teorici nelle teorie. Nikola Tesla sosteneva che è la radiazione magnetica ad attrarre gli oggetti, i quali cadono verso un'energia più grande.

Non condividendo il pensiero della relatività di Einstein, Tesla dichiarava:- Sostengo che lo Spazio non può curvarsi per la semplice ragione che non può avere proprietà -. Una spina nel fianco di Einstein e degli scienziati che al giorno d'oggi giustificano la loro esistenza parlando di "materia oscura". Notate la scelta delle parole: la "materia" ha proprietà, ma è "oscura" ed è quindi impossibile dimostrarne l'esistenza. Mi chiedo se oggi, come allora, lascerebbero morire Nikola Tesla da solo, emarginato da tutti e in povertà.

Antigravità

Un amico di Tesla, Edward Leedskalnin, costruì dal 1923 al 1951 un castello di corallo composto di blocchi enormi, alcuni del peso di oltre venti tonnellate. Lo costruì con un semplice treppiede di legno che, a detta degli esperti, è impossibile alzi simili pesi.

Edward Leedskalnin

Per giunta l'uomo era alto solo un metro e trentanove centimetri, eppure, dopo aver costruito il castello, non contento della sua ubicazione, lo smontò per poi ricostruirlo ad alcuni chilometri di lontananza: Coral Castle, Homestead, Florida. Edward sosteneva di sapere come gli Egiziani e i Maya avessero costruito le piramidi. Si diceva pronto a rivelare questo segreto agli amici, ma morì poco prima di confidarsi. Dalle foto dell'epoca si nota sulla sommità del treppiede una scatola misteriosa, probabilmente contenente un dispositivo in grado di annullare il peso del corallo. Gli abitanti del vicino Coral Castle sostenevano di sentire un inquietante rumore profondo che accompagnava le ore notturne di lavoro di Ed. Lo stesso rumore cupo sentito dai vicini di Tesla prima che creasse un terremoto nella città di New York nel 1893. L'Oscillatore di Tesla è un generatore di energia elettrica a moto alternato. Forse Tesla aveva aiutato l'amico Ed nella sua impresa fornendogli lo spunto per creare uno strumento simile al suo, atto a spostare gli enormi blocchi di corallo.

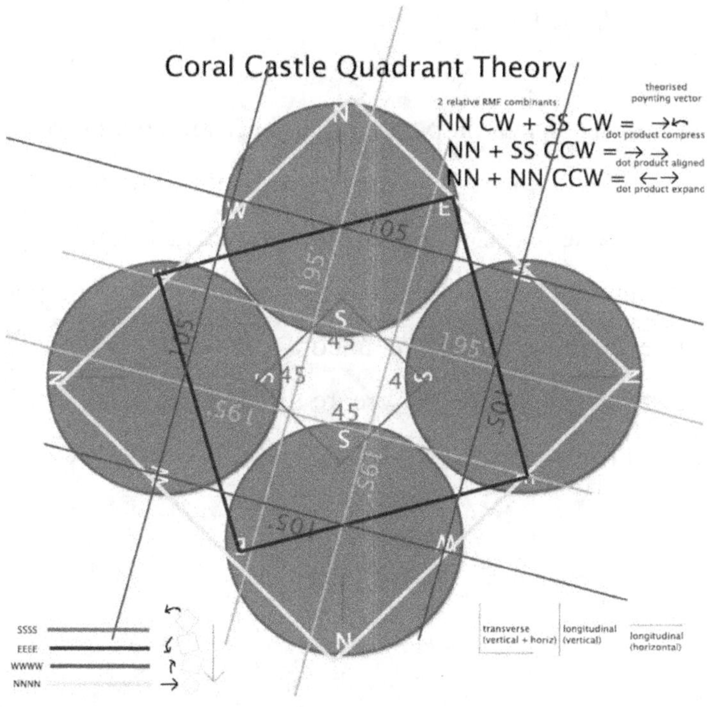

Questo spiegherebbe il perché della scelta di Edward di lavorare in solitudine e di notte. Una cosa è certa: i due amici avevano co-noscenze specifiche e all'avanguardia, non solo per l'epoca in cui vivevano, ma anche per il nostro tempo. Basti pensare al Telefunken Wireless costruito da Tesla, la prima antenna nel suo genere, smantellata dai militari il 4 luglio 1917, durante la Prima guerra mondiale, oppure ai suoi studi sui "tubi a vuoto", che generavano i raggi X. L'ingegnere elettrico Eric Dollard, di cui parlerò nel capitolo 11, è rimasto affascinato sia da Tesla che da Ed Leedskalnin. In merito al castello di corallo ha sviluppato una sua teoria: "Coral Castle Quadrant Theory".

La nostra scienza dà per scontato che, grazie alla forza di gravità, i pianeti del nostro Sistema solare orbitino da milioni e milioni di anni in orbite precise. Questo contraddice la seconda legge della termodinamica che va implicitamente contro il moto perpetuo. Edward Leedskalnin ci stupisce, ancora una volta, con la descrizione di un sistema magnetico per creare un moto perpetuo artificiale: il "Perpetual Motion Holder".

CAPITOLO 10
Luminarie: Sole e Luna

Il Sole è certamente l'astro che più ci condiziona nella nostra vita. Ogni giorno ne notiamo la presenza o, ancor di più, l'assenza in caso di maltempo. Con un diametro di 1391000 km e la sua enorme forza gravitazionale è il fulcro del nostro Sistema solare. Il Sole dista da noi circa 149 milioni e 600mila km e si pensa che tra quattro miliardi di anni diventerà una gigante rossa con un diametro che raggiungerà in grandezza l'attuale orbita della Terra. In seguito, grazie a spaventosi eventi nucleari, rimpiccolirà, trasformandosi in una stella nana che brillerà di una luce bianchissima, pressoché infinita.

La Terra orbita intorno al Sole in un'orbita ellittica: quando è più lontana (afelio) esso vi diffonde più calore, viceversa la irradia di meno quando si trova più vicina (perielio). Abbiamo le stagioni grazie all'inclinazione dell'asse terrestre di 23° 27' mantenuta stabile dalla Luna che orbita la Terra a circa 384mila km di distanza.

Fin dall'antichità la Luna ha influito sulla nostra vita con i suoi cicli periodici. Degli studiosi affermano che con il periodo di luna piena gli antichi uomini si assentavano per cacciare, mentre le donne avevano le mestruazioni per farsi trovare feconde al loro ritorno. Tutti gli operatori delle forze dell'ordine e dei pronto Soccorso hanno notato che con la luna piena si incrementano notevolmente i numeri di intervento. Che sia l'istinto atavico del cacciatore a influire sull'animo umano? Di sicuro la Luna condiziona gli oceani causandone le maree. Si allontana di 3,8 cm ogni anno e si pensa che tra un miliardo di anni, essendo troppo lontana per essere soggetta alla gravità terrestre, lascerà definitivamente la Terra in balia di se stessa.

So cosa state pensando, che tutto questo si trova nei libri di scienza, ma serviva per prepararvi all'alternativa: le luminarie.

Yin e yang

Prendiamo la mappa di Gleason come riferimento per una Terra piana e poniamo che il Sole giri in senso orario su di essa, all'altezza dell'Equatore. Dalla parte opposta al Sole mettiamo la Luna: ruotando insieme avremo l'effetto giorno con il Sole al centro di un alone di luce e l'effetto notte con la Luna al centro di un alone di ombra. Una sorta di immenso yin e yang, un perfetto orologio sincronizzato, dove le stagioni sono date dall'oscillare del Sole tra i due tropici. Nel suo cammino annuale, il Sole passerà due volte

sopra l'Equatore e una sola volta su ciascuno dei tropici. Questo spiega il clima più mite che si trova al di sopra del tropico del Cancro e al di sotto del tropico del Capricorno.

Le fasi della Luna su una Terra piana sono facilmente spiegabili: il giorno solare dura 24 ore, mentre il giorno lunare dura 24 ore e 50 minuti. Vi basta consultare un'effemeride lunare per constatare di persona che la Luna sorge ogni giorno più tardi. Essendo più lenta guadagna in media 11 gradi di distanza dal Sole ogni giorno e questo provoca le fasi lunari. L'eclissi di Sole si verifica quando il Sole passa direttamente dietro la Luna. Sì, avete capito bene, dietro la Luna perché le luminarie eseguono movimenti diversi con grande sincronia. Una danza elegante e affascinante che si ripete ogni giorno, mese, anno con gli sporadici rituali delle eclissi oppure frequenti come l'alba e il tramonto.

Gli studiosi della Terra piana ipotizzano che le luminarie funzionino come una specie di batteria magnetica, dove il Sole è il positivo e la Luna è il negativo. È già stato provato come l'acqua salata reagisca all'elettromagnetismo, questo fenomeno causerebbe le maree nei mari senza influire sui laghi di acqua dolce, che è diamagnetica. Con una fotografia time-lapse del cielo stellato si è notato come la Stella Polare rimanga immobile mentre tutte le stelle sembrano ruotarle attorno. Tenendo conto delle incredibili velocità del nostro Sistema solare nello Spazio e del moto della Terra intorno al Sole, con l'incedere dei mesi, degli anni, dei secoli, la Stella Polare pare rimanere immobile al suo posto, sempre centrata esattamente sopra al Polo Nord.

Secondo la scienza ufficiale la Terra ruota su se stessa molto più velocemente di quanto la Luna orbita intorno a essa, ma quando si verifica l'eclissi di Sole l'ombra della Luna si sposta da ovest verso est. Questo fenomeno lo si spiega solo se si pensa al Sole che "supera" la Luna passandole dietro su una Terra stazionaria. Mentre la N.A.S.A. non sa ancora spiegare l'eclissi solare del 21 agosto 2017, i terrapiattisti l'hanno fatto nel modo che vi ho appena descritto. Anche l'eclissi di luna del 31 gennaio 2018 non funziona su una Terra a globo, le simulazioni eseguite al computer non lasciano dubbi.

Quattro anni prima del presunto allunaggio dell'Apollo 11, il professor R. Foster, in un intervista televisiva della ABC dell'anno 1965, sosteneva di avere le prove che la Luna è un plasma. Il reporter Bob Sanders lo incalzava chiedendogli se fosse possibile allunare e facendogli notare che sia i russi che gli americani volevano mandare degli uomini sulla Luna. Foster rispondeva che se glielo avesse domandato una decina di anni prima non ne sarebbe stato sicuro, ma ora, alla luce dei suoi esperimenti scientifici, ne aveva la certezza:- La Luna è un plasma e non una roccia e ha una massa mille volte inferiore a quella presunta -. Il professore continuava dichiarando che si sarebbe dovuta riscrivere buona parte della nostra scienza per spiegare le maree e altri fenomeni.

Di solito gli scienziati non si sbilanciano sulle loro conclusioni e usano termini come "ipotesi" e "teoria" nell'esporre le loro argomentazioni, difficilmente dicono di essere sicuri di qualche cosa. Un fatto che va a supporto di Foster sono i crateri che vediamo sulla Luna in quanto, se davvero questa ruotasse mostrando sempre la stessa porzione alla Terra, non dovrebbero apparire come centri concentrici perpendicolari alla Terra. I crateri da impatto lasciano segni differenti su di una superficie, invece la causa di questi crateri si può attribuire solo a una tempesta elettrica. William Brian, un ingegnere nucleare, ha pubblicato nel 1982 un libro che mette in discussione la gravità della Luna portando simili argomentazioni.

Sia all'interno della comunità della Terra piana che in quella scientifica tradizionale, la Luna è sempre rimasta un mistero. Molti osservatori hanno riportato della trasparenza della Luna anche quando si trova alta durante il giorno. Il colore blu dell'atmosfera in quei casi sembra riempire le sue "macchie". Un ricercatore moderno ha affermato che la Luna è auto illuminata e che le parti scure sono dovute a un malfunzionamento causato da dei cataclismi. Ci sono stati molti avvistamenti di un pianeta che passa davanti alla Luna. J. Atkinson descrive nella rivista "Earth Review Magazine" una Luna con corpo non perfettamente opaco, quasi fosse composto di una sostanza cristallizzata. Ciò sarebbe dimostrato dalle stelle che si vedono talvolta splendere attraverso di essa.

Il 7 marzo 1794 Samuel Bern Robotham parla nel suo libro di quattro astronomi (tre a Norwich e uno a Londra) che hanno rilevato e documentato una stella visibile nella parte oscura della Luna. Sir James South, della Royal Observatory di Kensington, scrive in una lettera al Times (datata 7 aprile 1848) di come abbia visto una stella avvicinarsi alla Luna per poi scivolare apparentemente al suo interno invece di sparire dietro di essa in data 15 marzo 1848. La Luna era vecchia di 7 giorni e mezzo, ma non ha potuto stabilire se la stella fosse dietro alla Luna o davanti a essa. Le stesse impressioni sono descritte da Thomas Gaunt nel mensile dell' 8 giugno 1860 della Royal Astronomical Society. Il 24 maggio 1860 Gaut osservò l'occultazione di Giove da parte della Luna. Arricchisce il suo racconto con dati tecnici inerenti al telescopio usato e descrive di come Giove sia rimasto visibile attraverso la Luna, fenomeno durato fino a quando Giove è rimasto nella parte in ombra.

Intervista al professor R. Foster - 1965

CAPITOLO 11
Sole e Luna: indietro tutta!

L'esosfera, che si trova dopo l'atmosfera, dovrebbe estendersi tra i 2000 e 2500 chilometri, ma secondo lo studio ventennale di un team di scienziati russi l'atmosfera si estenderebbe fino a 630mila km (feb 2019).

Questo ingloberebbe automaticamente la Luna nell'atmosfera della Terra spiegando anche il perché si vede in trasparenza il blu del cielo attraverso di essa. - La Luna viaggia attraverso l'atmosfera della Terra -, spiega Igor Baliukin, primo autore dello studio, - Non lo sapevamo, fino a che non abbiamo preso in esame osservazioni realizzate nel corso di oltre 2 decenni dalla sonda SOHO -.

Eric Dollard si è riproposto di ricreare le tecnologie di Tesla al fine di progettare un sistema di alimentazione più veloce, dalla comunicazione leggera e senza perdite. Dopo aver subito otto incendi misteriosi e insoluti si è visto costretto a vivere nel deserto. Questi ultimi quattro anni di indagini sul Sole hanno portato Eric all'allontanamento dal suo laboratorio nell'Università Statale di Sonoma.

Le sue conclusioni sull'indagine del Sole sono stupefacenti e dimostrano come non sia una palla di fuoco. Secondo Eric il Sole non ha una struttura interna, è vuoto, è solo una superficie e non c'è nulla al suo interno. Sir Arthur Stanley Eddington (Kendal, 28 dicembre 1882 – Cambridge, 22 novembre 1944) è stato un astrofisico inglese che introdusse l'idea di una fusione nucleare all'interno dei soli e delle stelle. La fusione di Eddigton fu approvata anche da Einstein in quanto rientrava nella sua teoria della relatività. Per Eric Dollard il Sole non sta bruciando niente: non c'è alcuna fusione dell'idrogeno nell'elio che per avvenire necessita di ossigeno, e l'ossigeno si produce solo tramite l'elettrolisi o la fotosintesi.

Eric Dollard

Dollard afferma che il Sole è in realtà un trasformatore, un convertitore di energia da un'altra dimensione. Ha raggiunto questa conclusione in quanto sia la luce che il calore da esso prodotti sono processi residuali di questa conversione. Il Sole si trova tra 5000 e

6000 km dalla superficie terrestre, dentro alla ionosfera, con un diametro stimato di 5000 o 6000 km circa. Dollard afferma che l'induzione magnetica produce luce, calore, energia, frequenza elettromagnetica e radiazioni.

Per la scienza ufficiale il Sole sarebbe composto di ferro, nichel, cromo e magnesio che sarebbero gli elementi responsabili della sua forza magnetica. Secondo i dati ufficiali la temperatura del Sole è di 5778 gradi Kelvin (5504 gradi Celsius). Le proprietà magnetiche degli elementi sopra citati vengono annullate se sottoposti a una temperatura superiore a 1000 gradi. Sia l'idrogeno che l'elio non producono magnetismo, quindi il Sole non può produrre alcun campo magnetico in grado di attrarre altri corpi nello Spazio. Per Eric Dollard e Jose Alfonso Hernando Habecon, esperto di teleco-municazioni via satellite, il Sole sarebbe freddo. Generando fre-quenze elettro-magnetiche molto elevate, il Sole, fa si che le mo-lecole e le particelle di altre sostanze nell'atmosfera vibrino. Questa vibrazione irraggia alla Terra calore man mano che dall'alto scende verso la sua superficie. Il funzionamento è simile a quello di un forno a microonde.

Il dottore in ingegneria elettrica Donald Scott, insieme al dottore in fisica e ingegneria elettrica Michael Clarage, hanno diretto il progetto "Safire". Entrambi affermano che il Sole non è un palla di idrogeno fuso nello Spazio e che il calore non viene liberato da esso. Dalla loro ricerca il calore risulterebbe essere generato da onde elettromagnetiche che colpiscono la mesosfera, la stratosfera e la troposfera. Più saliamo di quota e più la temperatura dell'aria scende. A un'altezza di 10000 metri la temperatura scende drasticamente, mentre invece un aereo dovrebbe sciogliersi cotto dal Sole. Per la scienza ufficiale "questo avviene perché più ci si allontana dal terreno e più il calore disperso dalla terra viene dissipato in atmosfera e il riscaldamento solare non riesce a scaldare l'aria in maniera efficace. La diminuzione di temperatura e la differenza tra suolo e alta quota viene detta Gradiente Termico".

CAPITOLO 12
Verso la Cupola: nuovi orizzonti

Sia il Sole che la Luna mantengono in equilibrio tutto il nostro sistema, senza di essi non ci sarebbe vita sulla Terra. Ma come farebbero a volteggiare nel nostro cielo? Forse la migliore spiegazione di come funzionerebbe questo nostro incredibile pianeta ci viene ancora fornita dall'ingegnere elettrico Eric Dollard. In parole povere: il Sole cattura l'energia della Terra e altre dimensioni dello Spazio e le converte. Il suo galleggiamento e posizionamento all'interno del sistema sono dovuti al forte campo magnetico della Terra e all'elettromagnetismo della Cupola. Pertanto il campo magnetico della Terra risulta essere molto più grande di quello del Sole e della Luna. Anche il cielo è carico di particelle elettriche e filamenti, i quali producono campi elettromagnetici. Il Sole raccoglie tutte queste cariche elettriche: le frequenze che provengono dalla Terra, dal cielo e dalla Cupola. Tutta questa energia catturata dal Sole viene rilasciata sotto forma di luce, calore, frequenze e radiazioni. Le onde elettromagnetiche irraggiano alte e basse frequenze: il Sole sarebbe il risultato di una frequenza vibrante irradiata dalla Terra, che agirebbe come una bobina di Tesla.

Per gli astronomi, tutte le stelle distano dal nostro pianeta anni luce. La Stella Polare, per esempio, sarebbe lontana 430 anni luce (2 quadrilioni di miglia). Per comprendere la Cupola della Terra piana bisogna pensare più in piccolo, in termini di migliaia di chilometri, o miglia se preferite. Inoltre le stelle non sarebbero neanche composte di gas, come ci hanno detto. Lascia perplessi la divulgazione dell'idea che la stella Vega prenderà il posto della nostra Stella Polare tra circa 13000 anni. Ci sono parecchie evidenze invece che ci indicano che queste stelle in realtà sono una specie di sistema di cronometraggio, se non addirittura qualche tipo di mappa data dalle costellazioni che compongono.

Al centro della Cupola si trova la Stella Polare perpendicolare al Polo Nord, mentre più in basso, a un'altezza di circa 3000 miglia, il Sole e la Luna ruotano intorno a questo asse. I due astri sono della stessa grandezza proprio come ci appaiono, non perché il Sole è immenso e più lontano della Luna. Il resto è formato dalle stelle e finisce poggiando sul bordo esterno, il Polo Sud. Questa è a grandi linee come dovrebbe essere il motore magnetico della nostra casa. I terrapiattisti ammettono di non saperne di più e accusano la N.A.S.A. per aver contribuito a falsificare la scienza conosciuta.

Auguste Piccard

Il 27 maggio del 1931 il fisico svizzero Auguste Piccard salì a oltre 16.000 metri di quota all'interno di una capsula pressurizzata da lui progettata. Piccard e il suo assistente sono i primi uomini a essere andati nella stratosfera. Rischiarono la vita per un malfunzionamento della manovrabilità e per una perdita di pressione dell'abitacolo, ma riuscirono a sopravvivere effettuando misurazioni e portando a terra preziosi campioni di aria blu, ricca di ozono.

Dovettero attendere che il Sole tramontasse per tornare a terra, restando loro malgrado molte ore nella stratosfera. Decollati da

Augsburg, l'attuale Augusta in Germania, atterrarono sul ghiacciaio di Gurgl in Austria. Verificate voi stessi, ma a causa dell'effetto di Coriolis questo non sarebbe proprio possibile. Per la rotazione della Terra, di circa 1700 km orari in senso antiorario, sarebbero dovuti atterrare più a Ovest di Augsburg, in Francia oppure in Spagna, non più a sud di 200 km. Nella prima intervista dopo la loro impresa, Piccard descrisse la Terra come dichiarato nell'articolo del "Popular Science Magazine" dell'Agosto 1931: sembrava un disco piatto con il bordo rivolto verso l'alto ("It seemed a flat disk with upturned edge"). Se visitate il sito houseofswitzerland.org concludono così un piccolo paragrafo dedicato a Piccard:- È il primo uomo a vedere con i propri occhi la curvatura della Terra -. Curioso che non dicano che la curvatura fosse assente ai suoi occhi.

Partito da una base nel deserto del Nuovo Messico, nei pressi di Roswell, Felix Baumgartner ha compiuto un volo record da 39000 metri il 14 ottobre 2012 toccando 1357,64 km orari (843,6 mph ovvero Mach 1,24). Le riprese delle telecamere poste all'esterno della cabina di lancio montavano lenti "fisheye", lenti che arrotondano l'immagine dando alla Terra una forma sferica. La telecamera montata all'interno era dotata invece di lenti normali e, nei rari momenti in cui Felix si spostava, si intravedeva dietro di lui un orizzonte piatto. Tenendo conto del tempo occorso all'impresa, 90 minuti circa di ascesa e 4,25 di discesa, a causa dell'effetto di Coriolis sarebbe dovuto atterrare in pieno Oceano Pacifico e non nel deserto di Roswell, come di fatto è avvenuto.

CAPITOLO 13
Antartide

Nella storia molti uomini supportati dalle proprie nazioni hanno provato a raggiungere la base della Cupola magnetica nell'Antartico.

Il contrammiraglio della marina americana Richard Evelin Byrd (massone di trentatreesimo grado) fu il primo uomo a sorvolare il Polo Sud il 29 novembre del 1929. In un intervista dichiarava che ci fossero immense terre da scoprire, più grandi dell'America. I Nazisti proposero a Byrd di unirsi alla loro spedizione del 1938, ma egli rifiutò.

L'Antartide è un'immensa zona di ghiaccio, un continente con alti muraglioni perpendicolari al mare, dove le temperature arrivano a -70 gradi e la vita è impossibile. Si presume che su di una Terra a globo le temperature siano simili alle stesse latitudini opposte, invece al Polo Nord troviamo fauna e vegetazione nel periodo estivo e una temperatura minima di -20 gradi d'inverno.

Eppure, nonostante il clima rigido, in Antartide stazionano numerose basi scientifiche e militari. Le più importanti nazioni del mondo hanno firmato il Trattato Antartico, nazioni che erano state avversarie in guerre precedenti qui erano d'accordo, come gli Stati Uniti e la Russia che vi aderirono in piena guerra fredda. Praticamente è come se con quel trattato avessero "blindato" l'Antartide, ma perché se non c'è nulla?

Lo sterminato muro di ghiaccio antartico

Molti esponenti politici si recano in Antartide, come il Presidente Obama per esempio, ma i veri motivi di queste visite rimangono segreti. Se voi provaste a richiedere i permessi, al vostro Stato di appartenenza, incappereste in un iter burocratico lunghissimo, che si concluderebbe quasi certamente con esito negativo. È consentito accedervi solo come scienziati, oppure unendovi a qualche costosa visita guidata. Ma diciamo che siete fortunati e ottenete il permesso di accedere al Polo Sud in autonomia: nessun mezzo a motore o a vela può oltrepassare il sessantesimo parallelo Sud, neanche con una zattera, una barca a remi o a nuoto si può. Ma voi siete fortunati e riuscite comunque ad arrivare sul suolo antartico; per la vostra spedizione non potete usufruire di mezzi motorizzati che solo i militari sono autorizzati a condurre. Potete scordarvi anche una slitta trainata da animali, in verità non è consentito neanche l'uso della sola slitta trainata da voi stessi. Quindi non vi rimane che caricarvi di provviste per un mese e farvela a piedi su una terra inospitale oltre ogni limite umano. Non dimenticate di portarvi i sacchetti per riporre la vostra popò, in quanto è vietato sporcare.

Highjump

Gli americani organizzarono nel 1946 l'operazione "Highjump" comandata da Richard Cruzen, organizzata e co-diretta da Byrd, che comprendeva: la nave Mount Olympus, la portaerei Philippine Sea, 13 navi di appoggio con decine di aerei, idrovolanti ed elicotteri. Vi parteciparono circa 4500 uomini suddivisi in tre gruppi: orientale, centrale, occidentale.

Richard Evelin Byrd

A oggi "Highjump" è la più imponente spedizione antartica mai effettuata. Giunsero nel Mare di Ross il 30 dicembre del '46. L'11 febbraio del '47 scoprirono l'Oasi di Bunger, che prende il nome dell'aviatore David Eli Bunger. Egli dichiarò nel suo rapporto di aver trovato tra i ghiacci un enorme zona di terra con dei laghi di acqua dolce. Successivamente ritornarono all'oasi e ammararono in uno dei laghi. L'acqua misurava 30 gradi e conteneva alghe rosse, blu e verdi. Le scoperte più importanti dell'operazione "Highjump" furono sottaciute. Anche la famiglia di Byrd reclamava per l'assenza di un suo prezioso diario. Il figlio dell'ammiraglio lo descriveva come un uomo meticoloso e preciso, molto ordinato. Fortunatamente per noi, il lungimirante Byrd ne aveva trascritto una parte, tra le pagine bianche del diario della sua precedente missione del 1926. Grazie a questo stratagemma, siamo venuti a conoscenza del suo volo antartico del 19 febbraio 1947, dove Byrd, insieme al suo addetto alle comunicazioni, trova altre terre verdi, con animali per noi estinti. Il suo aereo viene intercettato e, senza bisogno che lui lo piloti, fatto atterrare in una città sotterranea che, anche in assenza del Sole, risulta in qualche modo illuminata. Byrd la descrive come una città magnifica. Vengono accolti entrambi ma solo l'ammiraglio è accompagnato al cospetto di un uomo di potere. In lingua inglese, ma con accento nordico, forse tedesco, gli viene assegnato il compito di portare al suo governo un messaggio pacifista. In pratica si richiede ai terrestri di non fare più uso del nucleare a scopo bellico, pena l'intervento del suo popolo tecnologicamente più avanzato e temibile del nostro. Ovviamente, dopo aver fatto rapporto ai suoi superiori, all'ammiraglio Byrd è stato ordinato il più stretto riserbo sulla questione.

Personalmente non posso dare del visionario a un uomo che godeva di una così grande reputazione tanto da assegnargli un incarico di tale portata come fu "Highjump". Ho visto l'intervista televisiva di Byrd e si nota subito che tipo di uomo fosse, glielo si legge negli occhi: determinato, preciso, affidabile, calmo ma pronto all'azione, con lo spirito dell'esploratore nel sangue. L'operazione "Highjump", che doveva durare dai sei agli otto mesi, fu interrotta dopo sole otto settimane per motivi sconosciuti.

Negli anni che seguirono gli U.S.A. organizzarono altre spedizioni tra cui la più importante: l'operazione "Deep Freeze" del 1956, uno sforzo collaborativo tra quaranta nazioni. Non a caso, l'anno successivo venne lanciato in orbita il primo satellite spaziale, lo Sputnik, probabilmente perché avevano scoperto il limite del campo elettromagnetico della Terra e volevano sondarlo.

Nel 1958, sempre non a caso, ecco fondata la N.A.S.A., per darci l'illusione di poter uscire dalla Terra e celare a tutti noi che esiste questa Cupola.

Stipulato a Washington il 1° dicembre 1959 e firmato da 53 paesi partecipanti all'Anno Geofisico Internazionale (1957-58), il Trattato Antartico entrò in vigore il 23 giugno 1961.

"Art. VI: l'area coperta dal trattato si estende a sud del *parallelo* con latitudine 60° S. Include tutta la calotta ghiacciata".

La mia personale opinione è che questo patto di non belligeranza, rispettato da tutti al di sotto del sessantesimo parallelo, sia la conseguenza del monito pacifista di cui si rese latore Byrd. In pratica tutti gli Stati in questione da allora hanno continuato a dichiarare guerre e a fare la loro politica di comodo, ma solo al di sopra del sessantesimo parallelo Sud, lontano da occhi indiscreti e temibili, tutti però d'accordo a procedere con il disarmo nucleare.

Operazione Highjump

CAPITOLO 14
N.A.S.A.: foto ritocco

Da piccolo ero orgoglioso del mio mappamondo: una sfera perfetta dotata di una lente di ingrandimento e di una lampadina che lo illuminava dall'interno. Sapevo che la forma non era quella giusta in quanto la professoressa di scienze mi aveva insegnato che la Terra è schiacciata ai poli. Il Polo Sud è leggermente più schiacciato del Polo Nord per una differenza di 15 metri tra i due raggi polari. Questo schiacciamento della Terra è dovuto alla forza centrifuga, mi diceva. Oggi so per certo che, ruotando a circa 1700 km orari, tutta l'acqua degli oceani convergerebbe all'Equatore per poi disperdersi nello Spazio. Poniamo che la forza di gravità, nel suo ruolo, trattenga davvero l'acqua degli oceani e che la Terra risulti schiacciata ai poli: all'Equatore si avrebbe l'apice di una linea convessa più alta del Monte Everest.

Il fiume Nilo, che attraversa l'Equatore, dovrebbe miracolosamente scorrere in salita in quel punto.

- Ma noi siamo stati nello Spazio, abbiamo le foto! - mi dicevo, - C'è la Stazione Spaziale Internazionale (la ISS) che orbita la Terra da anni, abbiamo le prove! -. Eppure, anche dalle recenti missioni spaziali cinesi, indiane e israeliane, sono emerse, dalle analisi degli scettici, prove certe che rivelano dei fotomontaggi e numerose incongruenze nei video. Abbiamo molta tecnologia a portata di mano e basta usarla per verificare l'autenticità di una foto. Per esempio, è sufficiente aumentarne la saturazione: se compaiono dei contorni quadrati intorno a un oggetto sferico, vuol dire che l'immagine è stata sovrapposta. Sia la Luna che la Terra risultano essere state aggiunte in un secondo momento in presunte foto scattate dallo Spazio. Nella prima foto che è stata scattata del nostro pianeta, la Terra riempie un cerchio perfetto, il che è irreale trattandosi di un'istantanea. Nelle fotografie successive certi continenti sembrano sproporzionati, alcuni molto più grandi di altri. La N.A.S.A. sostiene di avere in orbita centinaia di strumenti che orbitano intorno al nostro pianeta ogni 100 minuti e inviano dati a terra che vengono elaborati in immagini. In un intervista rilasciata da un dipendente della N.A.S.A. Robert Simmon ci spiega:- Per prima cosa si prendono i dati e si estraggono le immagini, dobbiamo togliere le nuvole -. Poi descrive la scelta dei colori come per l'acqua degli oceani che derivano da strumenti per la misurazione di fitoplancton nei mari. - Dove è basso coloro di blu, perché è blu mediamente, quindi il verde brillante -, qui si riferisce alla vegetazione sulla terra ferma. - Poi si rimettono le nuvole, un leggero problema con questo perché c'è una fenditura sulle orbite. Alcune di queste vengono dipinte...Eh! Si, è Photoshop, ma deve esserlo! -. Avete capito bene: è Photoshop, ma deve esserlo! E bravo il nostro Bob! Prosegue elencando i livelli che utilizza per simulare l'atmosfera: vi evito questo martirio.

Alla comunità della Terra piana non serviva di certo la spiegazione di Simmon per avere la certezza che le foto della N.A.S.A. non sono reali. Dal rasoio di Hanlon:- Non attribuire mai a malafede quel che si può ragionevolmente spiegare con la stupidità -.

Nel nostro caso vedo una malafede applicata con stupidità e anche con arroganza, visto la bassa opinione che la N.A.S.A. ha di tutti noi.

Il marmo blu

Scattata il 7 dicembre 1972 dall'equipaggio dell'Apollo 17, a una distanza di circa 45mila km, la Blue Marble è forse la più bella fotografia della Terra che la N.A.S.A. ci abbia fornito. Secondo la N.A.S.A. la fotografia ufficiale della Terra è quella che ritrae le due Americhe. Ora vi dimostrerò che questa fotografia è un falso con un semplice espediente descritto in un video, potete verificare voi stessi. Prendiamo la foto dove spicca il Centro America, quindi prenderemo come riferimento due località ben visibili site in Messico: Puerto San Carlos e Tamaulipas. La prima si affaccia sull'Oceano Pacifico mentre la seconda sull'Oceano Atlantico Settentrionale. Secondo Google Earth, da costa a costa, le due località sono divise in linea d'aria da 1503 km. Il diametro ufficiale della Terra è di 12742 km. Ora abbiamo in mano quanto basta a smascherare l'imbroglio della N.A.S.A. una volta per tutte. Individuate i due punti nella vostra foto della Terra e ritagliate un pezzetto di carta a misura. Al fine di coprire l'intero diametro occorre percorrere l'Equatore otto volte e mezzo. Appoggiate all'altezza dell'Equatore la striscia di carta e vedrete con i vostri occhi che, nel diametro della vostra Blue Marble, è compreso a fatica solo sei volte. Alla pari di un truffatore da strada, la N.A.S.A. ha rifilato un finto marmo a tutti noi e mandato nello Spazio solo la nostra immaginazione. A tal proposito sono state mosse molte proteste nei confronti dell'ente spaziale. Con l'obiettivo di mitigare un emergente malcontento nei propri confronti, la N.A.S.A. ha ruotato verso la Terra il satellite MRO in orbita marziana. Da una distanza di 200 milioni di km l'MRO ha scattato una fotografia della nostra casa. Di tutti i pixel che compongono la foto, sapete da quanti di questi è composta la Terra? Uno, un solo pixel. Sfido chiunque di voi a riconoscere il volto di una persona in una fotografia dove il suo viso corrisponde a un singolo pixel. Però secondo la N.A.S.A., pur ammettendo l'intervento elettronico, è possibile distinguere in quel pixel alcune porzioni di continenti terrestri. Ecco la versione ufficiale: "La foto è il risultato di due scatti con diverse esposizioni. La Terra infatti è molto più brillante della Luna. Questa risulterebbe quindi troppo scura. L'immagine è stata ricomposta rispettando le dimensioni e la posizione del pianeta e del suo satellite Da Marte si vedono l'Australia, la penisola indocinese e il bagliore candido dell'Antartide. In questa splendida cartolina spedita da oltre 200 milioni di chilometri Mars Reconnaissance Orbiter ci mostra il suo punto di vista sul nostro pianeta e sulla Luna, fotografati insieme il 20 novembre 2016".

Foto della Terra vista da Marte

1500 KM

Phoenix
Dallas
MISSISSIPPI
Tucson
El Paso
TEXAS
BASSA
CALIFORNIA
SONORA
Austin
Houston
LOUISIANA
New Orleans
CHIHUAHUA
San Antonio
COAHUILA
1.000,00 km
500,00 km
0
Monterrey
SINALOA
DURANGO
TAMAULIPAS
Messico

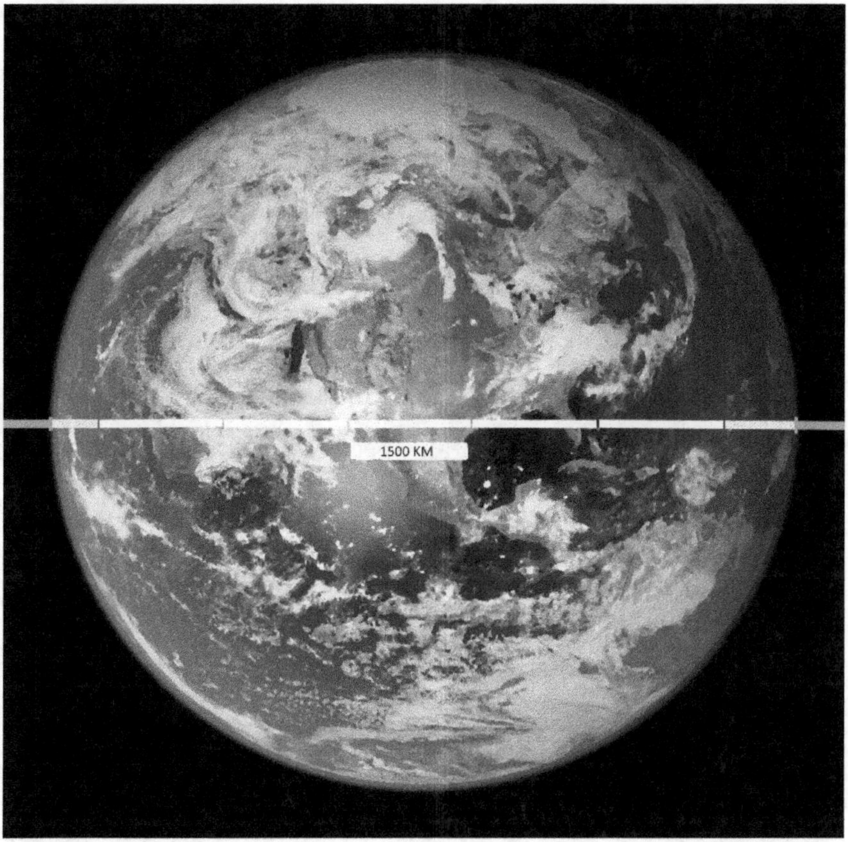

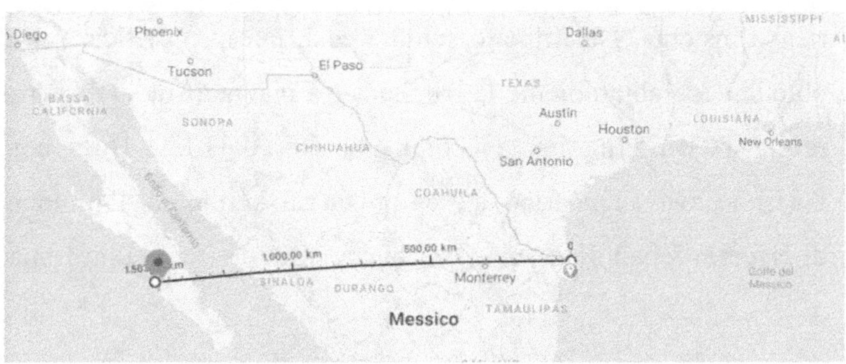

CAPITOLO 15
Video & massoni

"Edwin Eugene Aldrin, Jr., detto 'Buzz', membro della loggia massonica Clear Lake n. 1417 di Seabrook, nel Texas. Frà Aldrin recava con sé una delega speciale con la quale il Gran Maestro J. Guy Smith lo nominava delegato speciale del Gran Maestro stesso, concedendogli pieno potere di rappresentarlo sul luogo e autorizzandolo a rivendicare la giurisdizione territoriale massonica sulla Luna per conto della Venerabilissima Gran Loggia del Texas, Antichi, Liberi e Accettati Muratori" (dagli archivi di Tranquillity Lodge 2000 della Gran Loggia del Texas, A.L. & A.M).

Nella prima missione del presunto allunaggio gli astronauti Buzz Aldrin e Neil Armstrong dovevano montare la bandiera americana insieme. Dal filmato sembra così, ma in un riflesso di un oblò si vede chiaramente la bandiera già piantata sul suolo lunare prima che Buzz raggiunga il compagno fuori dal LEM. Buzz, come massone, aveva l'incarico di eseguire un rito simbolico al momento di erigere la bandiera sul suolo lunare. Che fossero sulla Luna o meno questo è irrilevante: lui aveva l'obbligo di eseguirlo. La massoneria, in generale, è una confraternita con delle regole che mira ad avere accoliti in ruoli chiave nel mondo. Quando si è presentata l'occasione di portare la massoneria sulla Luna, i capi di allora hanno agito con una delega a Buzz Aldrin.

Essere massone non è una brutta cosa e anche persone comuni come noi possono entrare a farne parte, cominciando dal gradino più basso. I livelli vanno dal primo grado fino al trentatreesimo grado. Nei confronti di persone non iniziate, i massoni hanno l'obbligo di segretezza, ma anche l'obbligo di verità. Pertanto devono necessariamente lasciarci dei piccoli indizi, per non contravvenire a questo secondo obbligo. Nel simbolo della N.A.S.A., per esempio, si vede come una "V" rossa coricata a sinistra: questo è un simbolo massonico che indica la presenza di fratelli nel suo organico. Nei quadri che ritraggono personaggi famosi, una mano aperta appoggiata sul ventre, le dita distese con alcune di queste unite, rivela un'appartenenza alla massoneria. Se davvero quei due uomini non hanno mai messo piede sulla Luna una cosa è certa: la massoneria, come noi, è rimasta vittima di questo inganno.

Nel 1969 la N.A.S.A aveva utilizzato la migliore tecnologia a sua disposizione. Cinquant'anni da allora, ognuno di noi, in casa propria, dispone di mezzi e strumenti di gran lunga superiori. Sono sufficienti un minimo di conoscenze specifiche per analizzare il materiale in suo possesso. Però la N.A.S.A., depositaria dell'impresa più grande dell'uomo, corre ai ripari e ci dice di non trovare più i nastri della missione Apollo 11. Praticamente ci sono, sono ancora lì, ma non si trovano più. Vedete come la menzogna si presenta sempre nella stessa forma? Proprio come la materia oscura, che c'è ma non si può vedere, anche i nastri ci sono ma non si possono trovare. Non può certo mancare la ciliegina sulla torta: anche la tecnologia per andare sulla Luna è andata perduta. Per fortuna la Cina è arrivata sulla Luna con la navicella Chang'e-4 e il rover Yutu-2 il 3 gennaio 2019. Se ne deduce che i cinesi abbiano in loro possesso la tecnologia necessaria ad affrontare i viaggi spaziali. Peccato che siano scesi sulla "faccia nascosta" della Luna, completamente invisibili ai telescopi terrestri. Complimenti ai cinesi: imparano in fretta!

CAPITOLO 16
ISS: "il rischia tutto"

La termosfera spazia da 90 km a circa 600 km dalla superficie terrestre con una temperatura che varia da 200 a 2000 gradi Celsius. La temperatura varia in base all'altezza e all'attività del Sole. La Stazione Spaziale Internazionale si mantiene in un orbita approssimata a 400 km da terra. La Temperatura a quest'altezza è di 1500 gradi C (1221 gradi F). L'alluminio fonde a 660 gradi C, l'oro fonde a 1064 gradi C, l'acciaio fonde sopra i 1370 gradi C. Tutti i dispositivi elettronici soffrono le alte temperature.

Come riesca la N.A.S.A. a proteggere la ISS da queste temperature estreme sembra un miracolo della scienza materiale. Viene da chiedersi di quali protezioni abbia equipaggiato in passato le navicelle delle missioni Apollo per attraversare indenni la termosfera. Tra i 1500 e 40000 km è compresa la fascia di Van Halen, radioattiva e letale per l'uomo. Secondo la N.A.S.A. gli astronauti ne sarebbero usciti illesi attraversandola ben due volte, all'andata e al ritorno.

Lo Shuttle Challenger, che raggiungeva davvero l'orbita bassa della Terra, è stato colpito più volte da corpuscoli di vernice che si erano staccati da altre navicelle. Nel 1983 si è resa necessaria la sostituzione di alcuni vetri della navicella danneggiati da piccoli detriti. Il satellite solare Max, ritirato nel 1984 dopo 4 anni di attività nello Spazio, ha riportato in media 37 fori per metro quadrato, tutti dovuti ai detriti spaziali. Secondo la rete di sorveglianza degli Stati Uniti sono stati tracciati più di 21mila oggetti larghi oltre 10 centimetri che orbitano la Terra. Oggetti di dimensioni minori sono troppo piccoli per essere individuati. Si stima che esistano altri 500mila pezzetti di detriti che variano da 1 a 10 centimetri di grandezza. Oltre a questi, le particelle più piccole di un centimetro sarebbero diversi milioni. La N.A.S.A. ha affermato che un impatto nello Spazio equivale a un impatto piano al suolo. Un oggetto di soli 5 centimetri ha la stessa energia di autobus da 16,5 tonnellate. Un oggetto di 10 centimetri ha la stessa energia cinetica di 300 kg di TNT. La ISS ha una velocità di 28mila km orari e in una collisione di testa la velocità di impatto va raddoppiata. La ISS compie un'orbita della Terra in 90 minuti, mentre in media un detrito ne impiega 70. La durata di queste relative brevi orbite aumentano significativamente la possibilità di un impatto. Eppure la ISS è in orbita da anni senza subire mai una minima collisione, neanche una scongiurata. Dal finestrino della ISS si vedono nuvole, terra e mare con dovizia di particolari, eppure non si vede mai passare un satellite, volare un aereo o transitare qualche detrito spaziale.

CAPITOLO 17
Un tuffo in piscina

In fase di addestramento gli astronauti si allenano in una piscina per simulare le condizioni nello Spazio. Si trova in Texas, nel Neutral Buoyancy Laboratory del Sonny Carter Training Facility, situato presso il Johnson Space Center di Houston. L'NBL è la piscina più grande del mondo, nella quale è sviluppato l'intero habitat della ISS. Alcuni sommozzatori assistono gli astronauti durante le operazioni. Peccato che molti filmati effettuati in fase di addestramento siano stati modificati elettronicamente per farci credere che tutto avvenga nello Spazio. Potrete notare in quei filmati strane bolle d'aria fluttuare nello Spazio. Addirittura è visibile un sommozzatore, con tanto di maschera e bombole, riflesso nella visiera di un astronauta. Nelle registrazioni avvenute in diretta TV alcuni astronauti della ISS sembrano maneggiare degli oggetti: spesso li fanno volteggiare davanti alla telecamera in apparente assenza di gravità, peccato che ogni tanto questi oggetti spariscono o si confondono con l'ambiente rivelandone il trucco. I capelli lunghi delle astronaute, poi, sono palesemente pieni di lacca e "sparati" in alto, allo scopo di simularne la fluttuazione. Alle spalle degli astronauti la rotazione della Terra sembra fermarsi o addirittura andare al contrario. Talvolta la Terra aumenta la propria velocità di rotazione mentre le nuvole si dimenticano di seguirla, oppure si fermano del tutto. In un video, alle spalle degli astronauti, si nota un oblò aperto mentre in un altro un astronauta diventa trasparente, confondendosi con le pareti della ISS. In alcuni casi sono stati visti dei fili ai quali sarebbero appesi gli astro-no-nauti. Ogni tanto avviene una strana interruzione dell'assenza di peso, forse dovuta al fatto che si trovano in quel momento all'interno di un aereo a zero G. Per chi non li conoscesse, gli aerei a zero G, sono velivoli che creano assenza di gravità andando in caduta libera.

Il senato statunitense ha assegnato alla N.A.S.A. 22,6 miliardi di dollari di finanziamento per l'anno solare 2020. Tenendo presente che per girare un buon film di fantascienza come "Gravity" occorre un budget di 100 milioni di dollari, non pensate che la N.A.S.A. potesse fare meglio di così?

CAPITOLO 18
Shuttle: "mission impossible"

Nel video del lancio dello Shuttle del 1983 si vede l'astronauta praticamente senza tuta spaziale: tra il casco e la tuta si nota il collo nudo, mentre i guanti non sono agganciati alle maniche rivelandone gli avambracci. Ma senza la tuta pressurizzata l'astronauta non rischia la vita?

Il 28 gennaio 1986 lo Shuttle Challenger esplose dopo 74 secondi dal lancio uccidendo i 7 astronauti a bordo. Tutte le nazioni manifestarono il loro cordoglio all'America e omaggiarono i compianti astronauti in tutto il mondo con un giorno di lutto nazionale. SORPRESA: sei di questi defunti astronauti sono stati trovati in vita! Tutti loro hanno negato l'evidenza, ovviamente! Dal 1986 a oggi il loro aspetto è cambiato, ma i tratti somatici si distinguono ancora. Molti ritengono questa notizia non veritiera, ma io trovo sospetto, più delle possibili somiglianze, che i presunti astronauti redivivi abbiano mantenuto gli stessi nomi o cognomi.

Il pilota del Challenger Michael John Smith adesso è diventato il professor Michael J. Smith del College of Engineering, University of Wisconsin-Madison. La specialista del carico Christa McAuliffe ora usa il suo secondo nome Sharon e lavora come professoressa alla Syracuse University.

Michael J. Smith   *Christa McAuliffe*

Ellison Onizuka, specialista di missione, si è trasformato nel suo fratello gemello Claude.

Il comandate della missione Francis "Dick" Scobee è ora solo Dick Scobee, amministratore delegato di una società immobiliare.

Ellison Onizuka

Francis "Dick" Scobee

Judith Resnik

La specialista di missione Judith Resnik, dopo un trattamento sbiancante della pelle, non si è neanche preoccupata di modificare il proprio nome ed è professoressa alla Yale Law School.

Ronald McNair

Un altro specialista di missione, Ronald McNair, è diventato suo fratello gemello Carl S. McNair.

Ricordiamoci che gli Shuttle, a differenza della Stazione Spaziale Internazionale, hanno effettuato missioni vere nello Spazio affrontando tutti i rischi che questo comporta. La prerogativa dello Shuttle era di essere recuperato dopo ogni missione abbattendone i costi. Ciononostante restavano missioni altamente onerose e il malcontento dei contribuenti americani, negli anni Ottanta, era palpabile. Probabilmente i dirigenti della N,A.S.A. passarono al vaglio diverse soluzioni prima di scegliere quella che tutti conosciamo. Le missioni dello Shuttle vennero interrotte per due anni giovando al bilancio dell'agenzia spaziale. Credo che abbiano convinto l'equipaggio del Challenger con un discorso incentrato sulla sicurezza nazionale infarcito di sano patriottismo. Fu un finale con il botto, parlando in termini di spettacoli pirotecnici.

CAPITOLO 19
" ON / OFF" delle stelle

Si suppone che dallo Spazio si abbia una visione privilegiata per osservare le stelle, strano che durante le missioni Apollo nessuna foto sia stata scattata per immortalarle. Nella prima intervista rilasciata dagli astronauti dell'Apollo 11, dopo 30 giorni di quarantena dal loro ritorno sulla Terra, si vede chiaramente che non vorrebbero trovarsi lì, al cospetto dei giornalisti. Tutti e tre gli astronauti hanno un'aria stranamente sconsolata e schiva, mentre ci si aspetterebbe di vedere in loro un po' di entusiasmo e sano orgoglio. Quando i giornalisti chiedono loro come fossero le stelle risponde Armstrong a disagio, dicendo che non ne aveva viste. Aldrin interviene in suo aiuto, ribadendo di non aver veduto alcuna stella. Anche Collins ha confermato la versione dei due colleghi, ma ora "Houston, abbiamo un problema!": il sistema di navigazione dell'Apollo 11 si orientava con le stelle ed era equipaggiato, a questo scopo, di un sestante spaziale denominato "space sextant". Lo stesso Buzz Aldrin mostrò in un'intervista televisiva proprio la mappa stellare usata per orientarsi nello Spazio durante la loro missione.

Comunque, molti altri astronauti, come Edgar Mitchel dell'Apollo 14, hanno riferito di non aver visto stelle nello spazio cislunare, ma sempre e solo un nero profondo. Anche qui abbiamo una mosca bianca: l'astronauta Chris Hadfield, in diretta televisiva dalla ISS, descrive il panorama:- Il cielo è quasi completamente bianco con le luci dell'Universo, con il numero incalcolabile di stelle...si vedono le costellazioni perché il cielo è così vivo! -. Un altro astronauta, Tim Peake, sempre in diretta dallo Spazio:- Una cosa inaspettata è la cosa che lo Spazio è completamente oscuro -. Ma come: prima lo Spazio era scuro, poi completamente bianco e ora di nuovo scuro? L'astronauta James Reilly riaccende le stelle in una intervista televisiva:- ...Si vedono stelle e colori che non si possono vedere qui a terra, colori pastello, uno giallo, altri arancio e anche rosso e blu scuro... Colori... -. Nonostante il collega astronauta gli dia manforte, ospite di un'altra trasmissione TV, Chris Hadfield cambia versione:- ...E quello che si vede è...(pausa) È un immenso buio profondo. L'oscurità è come una testura nera, quasi viola dove non si riflette praticamente nulla -. Ancora ospite di un altro programma televisivo: -...Quando il mondo... Là sopra... Si guarda dall'altra parte, si vede tutto l'Universo nero e nero, palpabile, semplicemente buio, e... Per sempre -.

CAPITOLO 20
Sottovuoto

Nell'uso domestico molti di noi hanno famigliarità nel conservare gli alimenti sottovuoto. In questo caso, aspirando aria, si parla di "negativo" rispetto all'atmosfera della Terra. Parliamo di positivo quando andiamo a comprimere aria per gonfiare una palla o un pneumatico. Parlando di vuoto più il numero è basso in negativo e più si è soggetti alla pressione negativa. Secondo la N.A.S.A. il minimo che troviamo nello spazio esterno è di 10 alla -6 Torr fino al massimo di 10 elevato -17 Torr (un'atmosfera corrisponde a 760 Torr). Queste sono cifre impressionanti, pensate agli pneumatici di un'auto media che necessitano di una pressione in positivo di 2,5 atmosfere (1900 Torr). Prima di fornirvi cifre più assimilabili, vediamo come l'agenzia spaziale più famosa nel mondo ha testato il vuoto sulle proprie attrezzature.

La Space Power Facility è la camera costruita dalla N.A.S.A. per ricreare il sottovuoto. La costruzione è terminata nell'ottobre 1969, tre mesi dopo che gli astronauti erano già andati sulla Luna. Questo denota una certa fretta nel voler decollare a ogni costo e, se aggiungiamo il fatto che nessuno dei tre astronauti abbia mai giurato sulla Bibbia per autenticare l'impresa, appare tutto molto sospetto. Possiamo credere che gli ingegneri spaziali abbiano programmato il primo viaggio con destinazione Luna senza prima sperimentare le condizioni nel vuoto? Sono partiti così, senza prima testare la navicella, il LEM e le tute spaziali? La SPF è alta 37 metri con un diametro di 30 metri e può sopportare fino a 10 alla -6 Torr, che però è il minimo per il vuoto nello Spazio. Le pareti di cemento armato vanno da uno spessore di 1,8 a 2,4 metri. L'aria, con un sottovuoto di 10 alla -6 Torr, potrebbe essere comunque aspirata attraverso le pareti, pertanto la struttura è rinforzata con una barriera a tenuta stagna formata di acciaio annegato nella barriera di contenimento.

Gli uomini hanno camminato sulla Luna, quindi, come hanno contrastato il vuoto dello Spazio al di fuori del LEM? Sul sito della N.A.S.A. c'è la tabella con tutti i materiali di cui è costituita una tuta extraveicolare resistente al vuoto e alle radiazioni solari. Vediamo insieme questo elenco: cerniera di ingresso posteriore, tessuto di teflon, tessuto beta (contro le abrasioni e le fiamme), piastra alluminizzata Kapton (isolante riflettente), tessuto di fibra silicia laminata Kapton (si trova tra gli strati riflettenti), alluminizzato Mylar (5 strati di isolante riflettente), tessuto non intrecciato

Dacron (distanziatore), tessuto in nylon neoprene, nylon (per resistere alla pressione), ecc...

Il resto lo potete consultare voi stessi, ma non troverete spesse barriere di cemento e una camera stagna a completare la tuta. Per la N.A.S.A. questa tuta, con una pressione di una sola atmosfera al suo interno, è sufficiente a contrastare il vuoto sulla Luna che è di 10 elevato alla -11 Torr, centomila volte più forte del massimo ottenuto sulla Terra dalla SPF. Pensate a una sola atmosfera che contrasta 136 milioni di atmosfere in negativo (quasi 2 miliardi di psi negativi). Le guarnizioni utilizzate nelle missioni Apollo, sia per i caschi che per i guanti, sono inadeguate anche per una bassa pressione. Sarebbero necessarie guarnizioni in metallo, specifiche per le alte pressioni, per garantire una tenuta ottimale, e le superfici dovrebbero essere perfettamente pulite. Lo stesso vale per il portello del modulo lunare in quanto gli astronauti si sono trovati nella polvere, trascinando sporcizia, e le guarnizioni delle porte del modulo lunare non potevano funzionare a dovere. Inoltre, il LEM era sprovvisto di una camera di decompressione, questo significa che una volta aperto il portello qualsiasi contenitore al suo interno sarebbe esploso: cibo, acqua, sacchi di urina e feci, serbatoi d'aria.

Sono stati offerti diecimila dollari di premio per chi volesse indossare una tuta all'interno della Space Power Facility. A oggi nessun temerario ha onorato questa impresa. In un'intervista Terry

Virts, ex astronauta della N.A.S.A., ha dichiarato:- La N.A.S.A. sta progettando di costruire un razzo chiamato SLS, un razzo per carichi pesanti che è molto più grande di quelli che abbiamo oggi. [...]Sarà in grado di lanciare la capsula Orion con uomini a bordo oltre che a veicoli per atterrare [sui pianeti], e altri strumenti verso destinazioni al di là dell'orbita terrestre. Attualmente siamo in grado di volare solo nell'orbita terrestre, più lontano di così non possiamo andare -.

La N.A.S.A è compartimentata e, come accade in ogni ente molto grande, solo un dirigente può avere il quadro completo delle operazioni che avvengono al suo interno. Chi si trova impiegato nel suo organico svolge il proprio lavoro in modo onesto, inconsapevole delle decisioni prese ai vertici. Tra le molte perplessità espresse nei confronti della N.A.S.,A. figura l'assenza di un video che riprende un astronauta mentre usa la camera di decompressione prima di una passeggiata spaziale. È lecito pensare che per un astronauta sia il momento più emozionante, dove potrà mettere a frutto tutto il suo addestramento. Si vedono gli astronauti farne uso solo nei film di fantascienza, com'è possibile?

Secondo Sylvain Timsit, citato in precedenza nel primo capitolo, un modo per controllare le masse consisterebbe nel posticipare la soluzione di un problema. In pratica la N.A.S.A. ci dice che oggi non è possibile andare su Marte, ma un domani si potrà. Così, con questa semplice promessa a costo zero, i dirigenti dell'agenzia spaziale, si sono accaparrati sovvenzioni miliardarie fino all'anno previsto per la missione marziana: il 2033.

CAPITOLO 21
Tutti connessi, perché?

Giunti all'ultimo capitolo di un libro è lecito da parte dei lettori aspettarsi un finale conclusivo, ma in questo caso particolare l'epilogo riguarda le nostre vite e solo noi possiamo esserne gli artefici.

Nel 1981 la Commodore introduce il VIC-20, la sua prima macchina a essere stata definita un home computer, dotato di scheda di memoria di 32K con la possibilità di aggiungere un'espansione di 3K, 8K, 16K, 32K, 64K. Poi, nel 1982 fece il suo ingresso il Commodore 64, che ha fatto storia. Nel 1984 uscì il Commodore 16 e nel 1985 il Commodore 128. Con la linea Amiga si concluse la storia della Commodore soppiantata prevalentemente da Apple Macintosh.

Che cosa ci dicono questi numeri? Prendiamo la SIM card del nostro iPhone o smartphone: siamo partiti con 8K, poi sostituite da SIM a 16K, 32K, 64K, 128K per arrivare agli odierni 256K. La stessa sorte è toccata alle schede SD, Micro SD, chiavette USB, le cui cifre sono espresse in Gigabyte anziché in Kilobyte: 2GB, 4GB, 8, 16, 32, 64, 128 e gli odierni 256GB. Che siano memorie RAM, memorie ROM, schede grafiche o audio, abbiamo sempre lo stesso modus operandi anche nei PC. Non dico che ci stiano rifilando da quarant'anni la stessa tecnologia, ma il dubbio mi viene. Sicuramente ci stanno vendendo nuovi prodotti usando sempre gli stessi numeri. È come se uno scalatore del passato avesse tracciato un percorso e lo scalatore moderno, pur essendo in possesso di attrezzature all'avanguardia, continuasse a seguirlo senza osare di più. Comunque sia, sono quarant'anni che ci vendono a caro prezzo memorie dentro pezzetti di plastica dal costo di produzione di pochi centesimi. Certo, noi tutti paghiamo per la ricerca e la lavorazione che stanno alle spalle, ma il vero valore aggiunto di un oggetto è dato dal nostro desiderio di possederlo. Per i produttori di gingilli tecnologici conta solo che la produzione abbia una logistica possibile e che sia economicamente conveniente. Su questo punto occorre dedicare la giusta attenzione in quanto una libertà spesso ne implica l'assenza di un'altra: pensiamo a chi conviene realmente la nuova tecnologia che ci viene offerta. Tramite tutti i "social" abbiamo l'illusione di sentirci liberi e collegati alla comunità, ma in realtà risultiamo vincolati a un sistema di controllo massivo che opera per nostro tramite. In pratica ci controlliamo l'un l'altro, giorno dopo giorno, e ci sentiamo anche felici nel farlo.

Vi starete chiedendo dove voglio arrivare con questo ragionamento, semplice: spero di avervi dimostrato che per capire i delicati meccanismi della nostra inarrestabile società moderna, spesso ci conviene dare uno sguardo al passato per orientare il futuro.

Il presagio

Sulla base di quanto detto, ci conviene tenere d'occhio il sito Deagel dove sono elencate 209 nazioni del mondo e tutti i dati relativi ai loro eserciti, economia, popolazione, navi e altro ancora. I gestori del sito prendono le informazioni dalle banche, dalle amministrazioni civili, da tutte le organizzazioni governative e, dopo un analisi, forniscono una loro proiezione per il futuro. Questi dati sono riferiti al 2017 con previsioni per l'anno 2025. Per esempio, la popolazione degli U.S.A. passerà dai 327 milioni attuali a 100 milioni nel 2025. Dove andranno a finire 227 milioni di americani? L'Italia passerà dai 62 milioni attuali a 44 milioni, ben 18 milioni di italiani in meno! In Russia la popolazione rimane invariata, come anche in Cina. Invece in Canada prevedono una diminuzione da 36 a 26 milioni di abitanti. In Francia da 67 a 39 milioni. In Germania da 81 a 28 milioni. Ma com'è possibile ottenere simili previsioni? Probabilmente sono a conoscenza di informazioni, dati che non sono stati divulgati. Ho provato ad azzardare qualche congettura in merito, ma nessuna appare esaustiva o possibile. Un cataclisma di livello mondiale, per esempio, è da escludere in quanto non colpirebbe così selettivamente. A meno che qualcuno non trovi un modo per controllare il clima, risulterebbe impossibile per chiunque dispensare dei nubifragi mirati. Le guerre possono essere localizzate e riguardare solo i paesi interessati, ma potrebbe essere la soluzione solo se non determinasse la morte di milioni di persone in nazioni così lontane tra loro. Inoltre dubito che in questo caso gli Stati Uniti subirebbero perdite così ingenti. Mi sento ottimista e scelgo di scartare l'arrivo dell'Armageddon, termine ebraico che indica, nella sua accezione più estesa, l'Apocalisse stessa. Potrebbe invece trattarsi di un esodo selettivo e programmato delle popolazioni verso un altro pianeta o un'altra Cupola vicina alla nostra. Ma qualcosa mi spinge ancora a orientare il pensiero verso le menti del passato, soprattutto coloro che condividevano l'idea che possa effettivamente esistere un popolo sotterraneo. Avvalorando l'ipotesi della Terra Cava, si prospetterebbe alle popolazioni il mondo sotterraneo scoperto dall'ammiraglio Byrd, forse la leggendaria Agarthi.

CREDITI

AIF Associazione per l'Insegnamento della Fisica - Oxford Academic (sito) - Dino Tinelli (canale Youtube) - Terrapiatta Globo vs Terrapiatta (sito) - Manly P. Hall - Cosmologia Zetetica - 200 prove di Eric Dubay - Mr. Trhive And Survive - Wikipedia l'enciclopedia libera - Focus, Focus jr. - Isola di Avalon (sito) - N.A.S.A. (sito ufficiale) – Gak (sito) – P.L. Somma -

Flat Earth Brothers (sito) - Robert Simmon, dipendente N.A.S.A. - Eric Dollard - Tesla Seismic Warning System 2.0 - The Future Past of Electricity- Mondi oltre i poli, F. Amadeo Giannini - Feed Your Mind - Flat Earth Tribe (sito) - Moongate: (libro) di William L. Brian - Isola Di Avalon (sito) –

Google Maps - Global Grey ebooks

Curious Life (canale Youtube) - Margherita Campaniolo (sito) - Our way is the highway (sito) - Sylvain Timsit - Paul on the plane (sito) - Il Giardino Degli Illuminati (sito) -

Dynamic Earth, libro di Montgomery Childs e Michael Clarage - Luogocomune (sito) - StolenHistory.ORG (sito) - The Library of Congress

IgienistaMentale (canale Youtube) - Mark Knight - ODD Tv - Nextme (sito) - J. Atkinson - Universo Astronomia, Barbara Bubbi - Pinterest (sito) - Bitchute (sito) – Norman B. Leventhal Map at the BPL.

RINGRAZIAMENTI

Un grazie sincero alla professoressa Nicoletta Bertorelli, per il prezioso contributo dato all'analisi del mio lavoro. Ringrazio i miei figli e gli amici che mi hanno dato supporto durante tutto il periodo di sviluppo del libro. Un doveroso ringraziamento va al competente staff di Youcanprint.

CONTATTI

MAIL: lucabertorelli@virgilio.it

INDICE

Youcanprint
Finito di stampare nel mese di maggio 2020

www.ingramcontent.com/pod-product-compliance
Lightning Source LLC
LaVergne TN
LVHW020345200726
843507LV00012B/2501